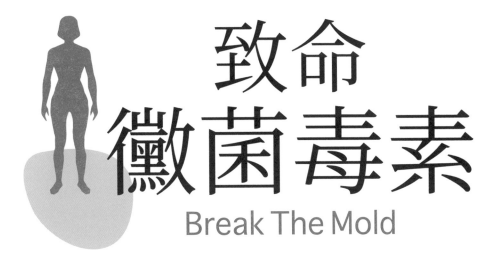

致命黴菌毒素

Break The Mold

致命
黴菌毒素
BREAK THE MOLD

自然醫學博士教你五步驟消除家中黴菌，
徹底防治毒素破壞身體的健康指南

吉兒・克莉絲塔（Dr. Jill Crista）◎著

致謝辭

給修復我的家的補救團隊。
我會永遠感激你們的救援、善意和耐心。
你們所做的一切就是拯救生命。

※ 如有需要索取本書原文注釋電子檔，請寄 E-mail 至大樹林出版社 :notime.chung@msa.hinet.net 我們會儘速處理。

目錄
CONTENTS

克莉絲塔黴菌自我檢測表 CATEGORY 1　檢測日期：

自我檢測過去 **3 到 6 個月內**出現的**所有症狀**

若需要列印此檢測表，請寄送電子郵件至 notime.chung@msa.hinet.net 索取電子檔。

第 1 類別

☐ 腦霧　　　　　　　　☐ 感到不知所措　　　☐ 咽喉痛
☐ 一直感到疲倦　　　　☐ 發作性 / 慢性乾咳　☐ 經常感冒
☐ 經常流鼻水　　　　　☐ 肺部發炎　　　　　☐ 感冒長久不癒
☐ 經常擤鼻涕　　　　　☐ 黏液中有血絲　　　☐ 精疲力盡
☐ 打噴嚏　　　　　　　☐ 鼻腔息肉　　　　　☐ 經常出現靜電
☐ 鼻竇炎　　　　　　　☐ 舌苔　　　　　　　☐ 口渴
☐ 鼻涕倒流　　　　　　☐ 口腔潰瘍　　　　　☐ 難以入睡
☐ 鼻子流血　　　　　　☐ 喉嚨後部腫塊　　　☐ 身體內部振動
☐ 腺體腫脹　　　　　　☐ 鵝口瘡　　　　　　☐ 頭暈
☐ 呼吸急促　　　　　　☐ 耳道疼痛或發癢　　☐ 眩暈
☐ 經常打哈欠或嘆氣　　☐ 耳鳴　　　　　　　☐ 醉酒的感覺
☐ 心悸　　　　　　　　☐ 對聲音大覺得困擾　☐ 頻尿
☐ 頭疼　　　　　　　　☐ 皮疹　　　　　　　☐ 酵母菌感染
☐ 花粉過敏　　　　　　☐ 皮膚灼熱或發癢　　☐ 食慾變化
☐ 眼睛發炎　　　　　　☐ 容易瘀青　　　　　☐ 腸脹氣
☐ 視力模糊　　　　　　☐ 蜘蛛狀血管症　　　☐ 反胃噁心
☐ 視力頻繁變化　　　　☐ 對衣服的標籤和接　☐ 感覺浮腫
☐ 過敏　　　　　　　　　　縫覺得困擾　　　☐ 便祕
☐ 黑眼圈　　　　　　　☐ 貧血　　　　　　　☐ 對甜食渴求
☐ 光敏感　　　　　　　☐ 四肢靜脈突出　　　☐ 對酒精渴求
☐ 緊張 / 靜不下來　　　☐ 下肢浮腫
☐ 情緒低落或沮喪　　　☐ 經常清喉嚨

第 1 類別中總共勾選了幾項：＿＿＿＿＿

勾選 0-4 項 = 分數為 0
勾選 5-9 項 = 分數為 1
勾選 10-15 項 = 分數為 2
勾選 16+ 項 = 分數為 3

第 1 類別 **得分** ＿＿＿＿＿

繼續前往第 2 類別

自我檢測過去 **3 到 6 個月內**出現的**所有症狀**

第 2 類別

- ☐ 喘鳴
- ☐ 哮喘
- ☐ 肺部灼熱
- ☐ 呼吸道反覆感染
- ☐ 偏頭痛
- ☐ 藥物控制不好的過敏
- ☐ 說話有鼻音
- ☐ 耳朵堵塞或堵塞
- ☐ 慢性鼻竇炎
- ☐ 嘔吐
- ☐ 便祕 / 腹瀉
- ☐ 腹瀉
- ☐ 腸躁症

- ☐ 食物過敏
- ☐ 化學過敏
- ☐ 對抗生素反應異常
- ☐ EB 病毒
- ☐ 酵母菌反覆感染
- ☐ 細菌性陰道炎
- ☐ 香港腳、股癬或灰指甲反覆發作
- ☐ 皮膚脫皮 / 脫落
- ☐ 心搏過速發作
- ☐ 胸痛
- ☐ 雷諾氏症候群
- ☐ 非阻塞型睡眠呼吸中止症

- ☐ 難以思考
- ☐ 定向力障礙
- ☐ 平衡問題
- ☐ 反射緩慢
- ☐ 動作協調性不佳
- ☐ 麻木或刺痛
- ☐ 神經痛
- ☐ 原因不明的月經改變
- ☐ 膀胱過動症
- ☐ 膀胱感染
- ☐ 對發霉空間有反應

第 2 類別中總共勾選了幾項：＿＿＿＿＿＿

勾選 0-2 項 = 分數為 0
勾選 3-5 項 = 分數為 1
勾選 6-9 項 = 分數為 2
勾選 10+ 項 = 分數為 3

第 2 類別 **得分** ＿＿＿＿＿

繼續前往第 3 類別

自我檢測過去 **3 到 6 個月內**出現的**所有症狀**

第 3 類別

- ☐ 每天使用鼻竇噴霧劑、鼻竇處方或洗鼻劑
- ☐ 曾動過鼻竇手術
- ☐ 慢性發炎反應症候群（CIRS）
- ☐ 多重抗生素抗藥凝固酶陰性葡萄球菌（MARCoNS）
- ☐ 花生過敏
- ☐ 慢性疲勞症候群
- ☐ 行走困難
- ☐ 自主神經異常
- ☐ 端坐性心搏過速症（PoTS）
- ☐ 聽力損失
- ☐ 精神混亂
- ☐ 失智症
- ☐ 記憶喪失
- ☐ 顫抖

- ☐ 類肉瘤病
- ☐ 藥物難以控制的哮喘
- ☐ 特發性肺炎
- ☐ 肺部纖維化或結節
- ☐ 呼吸窘迫
- ☐ 麴菌症（Aspergillosis）
- ☐ 心律不整
- ☐ 凝血異常
- ☐ 房室異常
- ☐ 史特勞斯症候群
- ☐ 組織胺不耐受
- ☐ 結節性紅斑
- ☐ 嗜伊紅性食道炎
- ☐ 潰瘍
- ☐ 非乳糜瀉腸道疾病
- ☐ 血便
- ☐ 週期性嘔吐症候群
- ☐ 肝臟疼痛或腫脹

- ☐ 脂肪肝
- ☐ 非酒精性脂肪性肝炎（NASH）
- ☐ 間質性膀胱炎
- ☐ 腎臟疼痛或腫脹
- ☐ 腎臟疾病
- ☐ 腎炎
- ☐ 慢性骨盆腔疼痛
- ☐ 不孕症
- ☐ 肝細胞癌
- ☐ 以前或目前診斷有癌症
- ☐ 肥大細胞活化症候群（MCAS）
- ☐ 有過暴露在水害建築內的經驗
- ☐ 暴露於黴菌之下
- ☐ 舒梅克梅菌檢驗呈陽性

第 3 類別中總共勾選了幾項：＿＿＿＿＿

　　　每勾選 1 項得 1 分
　　　本類別的項目勾選數與得分數相同

第 3 類別 **得分** ＿＿＿＿

繼續前往檢測結果

克莉絲塔黴菌自我檢測表結果統計

黴菌風險統計結果

將前面三頁各類別分數填寫於下方欄位

第 1 類別分數：_____ ＋

第 2 類別分數：_____ ＋

第 3 類別分數：_____ ＝ 黴菌風險統計：_____

黴菌風險統計

結果

0-4 ＝不太可能是黴菌病

5-9 ＝有可能是黴菌病

10+ ＝可能是黴菌病或生物毒素疾病

其他需要考慮的事項：

- 萊姆病、多重系統性傳染病症候群（MSIDs）、蜱媒感染（使用霍洛維茲多重系統性傳染病症候群 - 萊姆病自我檢測表）
- 其他環境毒素（即：汞、鉛、PM2.5、草甘膦、農藥、揮發性有機化合物）
- 腸寄生蟲、慢性病毒性鼻炎或其他隱性感染
- 食物過敏
- 常見變異型免疫缺損症候群（CVIDS）或免疫功能不全症候群

本自我檢測表旨在作為臨床資訊輔助之用，而非用於診斷或治療疾病。所列症狀由黴菌病患者自行回報，並非所有症狀皆已在研究中獲得實證。

PART 1
骯髒腐爛的黴菌

千金難買早知道

我真的希望我在該懂黴菌的時候懂黴菌就好了。

我沒發現是黴菌——在我的患者身上、在我的家人身上、我自己身上，還有我自己家裡，我不知道如何辨識，低估了黴菌可能造成的傷害。

過去 15 年間，我為自己寫了這本書，我當時很需要這本書，當時如果有這本書，也許就能早好幾個月前發現，而不會讓患者和親人遭受失去健康、生命、金錢和快樂的傷害了。

一路上我學了很多，現在也有黴菌號碼了。我想用所學教大家做自我防護；利用所需的知識和工具來征服人生中可能遭遇到的黴菌，你將學會這些經實證有用的工具，來對抗黴菌並獲得勝利。

你需要的黴菌解決方案，這本書都有。

為什麼你會讀這本書？

還有別的理由嗎？因為想恢復健康，所以會想要一張症狀搭配療法的清單，那是當然的。對，我也很沒耐心學東西，所以我懂，如果你也一樣的話，請直接翻到 PART 2「五項有效的方法」，查看解決方案。

不過呢，我還是建議大家花點時間閱讀第一部分——骯髒腐爛的黴菌，對黴菌做好全盤了解。了解黴菌是怎麼運作的，以及如何徹底擊敗黴菌，讓黴菌永不復發。作為地球上最古老的生物之一，黴菌是極會適應環境的生存高手，具備一次又一次，反覆復發的特性，各位必須懂得黴菌的弱點才能一勞永逸征服黴菌。

為什麼要相信我？

因為我實際經歷過。我除了身為治療黴菌病患者的醫生之外，我本身也曾經是黴菌病患者，吃盡各種苦頭後才成為黴菌專家，目前我正積極研究處理黴菌毒性效應的議題。如果你本身是因為飽受黴菌病之苦才來找這本書的話，我很能感同身受。

身為醫生，我治療過相當多病人是患有慢性疲勞和各種無人能解的疑難雜症，這就是我為何變成專攻黴菌病的原因。我是一名自然療法醫生，表示我受的訓練就是要找出造成「不自在（dis-ease）＊」的原因，並同時給予治療。這為什麼重要？因為通常一旦消除「不自在」的因素後，人就會好轉，這個過程可以是非常簡單優雅的。人體有一種天生的動力是用在治癒，棘手的反而是確定病因，而查出病因是身為醫生最重要的責任。

通常來說，運用自然療法原則與身體協同合作，而非相互對抗，效果非常好。但是我有一小群「卡住」的患者，他們的身體沒有對一般慣例的治療起該有的反應，這些患者沒有好轉，即使他們很努力配合治療，但一次次回診過程中仍然沒有太大變化。老實說，我很訝異他們對我如此有信心，不斷持續回來看診。

＊編註：自然療法領域的人士通常將疾病（disease）的英文拆解為（dis-ease）不安、不舒適、不輕鬆、不自在來解釋。

　　然後其中一名患者在家中發現了有毒黴菌——帶毒性的黑黴菌，我開始懷疑這會不會是他沒有好轉的原因之一，儘管他已經對治療方案投入 110％ 的努力了。我懷疑這會不會也是其他人仍持續生病的理由。但我當時不懂，因為老實說我那時對黴菌病的一切根本完全不熟悉。

　　之後我用功讀書，驚訝地發現黴菌肯定是他對治療沒有反應的原因，對其他許多「卡住」的患者也是如此，我大感震驚。儘管我找到大量有關黴菌、黴菌毒素以及黴菌是如何傷害生物的研究，但是卻沒有任何醫療實踐方面的資料。為什麼？原因很簡單——因為缺乏人類方面的研究。

　　許多關於黴菌和黴菌毒素（稱為真菌毒素）的研究都與動物和動物飼料有關，負責飼養牲畜的人知道風險，甚至發展出黴菌降解技術來維持動物的健康。

　　但是投入人類和人類影響領域的相關研究資金一直很少，缺乏明確的研究試驗及缺乏經實證的人類研究治療方案，醫生在治療人類患者時注定像我一樣漏掉黴菌。

　　打從我逐漸意識到黴菌和黴菌毒素的疾病開始，數十年來沒什麼改變，雖然我們現在有更好的研究試驗，但還是很少以人體試驗作為測試治療方案。即使如此，我們還是可以從動物身上學習，因為許多規則如同動物，同樣適用於人類，我們還可以向前輩學習。

　　運用科學知識、歷史治療方案及良師教導，我把開發出來的解決黴菌方法，用在治療「卡住」的患者身上，他們後來順利好轉了。

原始室內環境疾病

　　我把黴菌病稱為「原始室內環境疾病」，因為打從人類移居到室內空間，從洞穴到木屋再到石屋以來，這就一直是普遍存在的問題，《聖經》裡甚至把黴菌認為是身體與精神雙方面的疾病。即使治療黴菌的相關人體試驗很少，有效的治療方法卻已存在好幾個世紀。

　　缺乏研究不等同於缺乏療效，來自各種原住民文化的傳統醫學治療師都曾經成功治癒感染黴菌的人，但令人難過的是，只有少數相關知識有傳承給現代的醫生。

　　就算最後我終於確定黴菌問題就是患者「卡住」的原因，我還是巧婦難為無米之炊，沒有現代化的方案或指南可以幫助他們。我不得不依賴我的老師，依賴科學訓練，及一些實驗結果。

　　我從動物研究中學習，了解黴菌如何傷害生物，加上我擅於使用草藥和營養素，我用自己的方式理解，把動物研究轉譯成人體可以如何運作的方法，研製出方案來解決黴菌所製造的具體問題。結合從我的老師教導的技術，「實踐」在黴菌患者們身上，取得了相當不錯的成果。突然，這些「卡住」的患者們都照著腳本演了，透過消除病因、治療病因，他們慢慢好了起來。

　　從那時候開始，我一直致力於教育醫生，設計了有關人類黴菌病的醫療級黴菌課程，包含最新診斷試驗和治療。如果各位希望你的醫生具備黴菌知識的話，建議可以上 DrCrista.com 了解系列課程：「各位醫生——你是否遺漏了患者的黴菌病？」他們也將了解本書中的科學基礎訊息。

贏得勳章

黴菌找上我，諷刺的是，我整個冬天都在為醫生們設計黴菌課程，黴菌卻在我自己家中萌芽。那一段時間我都在研究黴菌病和設計課程教材，病情越來越嚴重卻一無所知。虧我還是一名黴菌教育家，居然錯失了自己和家人已染上黴菌病的事實。有個專門描述這種情況的術語──黴菌腦。黴菌腦就是大腦單純無法正常運作，像裡面有雲霧，希望可以擺脫掉一樣。

我太低估黴菌了。我們在夏季末搬進一間相對來說比較新的房子，從搬進去那一刻起，只要不下雨，我們就讓窗戶全部開著。那是一個舒適、反常的乾燥秋天，表示窗戶隨時都是開著的。如果你沒有在秋季待過威斯康辛州，我強力推薦你試試，非常舒適宜人。隨著冬天到來，我們陸續慢慢將房子緊閉，最終打開暖氣。我跟孩子們開始出現怪異的症狀，我卻沒有察覺，因為我忽略了自己房子裡的黴菌。

如何烹煮青蛙

你有聽過「溫水煮青蛙」的故事嗎？據說，如果你把青蛙放入滾水中，牠會馬上跳出來，因為牠感受到危及生命的劇烈變化，就會盡快跳到安全的環境。但是如果你把青蛙放在冷水裡然後非常緩慢地加熱，牠會留在水中直到水煮沸為止，因為牠的適應能力就是牠弱點。好，基於我對兩棲動物的熱愛，我沒有親自測試過這個理論，但我相信這個現象很明顯適用我的情況。

隨著天氣變冷，我們每週會關掉一些窗戶，隨著清新乾淨的室外空氣減少，我們暴露在室內汙濁空氣的程度增加，這跟溫水

煮青蛙實際上的意思相同，因為發生得很慢，沒有明顯的預警徵兆，身體警報器沒有響起，此時我們的適應能力就是我們的弱點，就這樣慢慢暴露在越來越多的黴菌毒素下，我們就像青蛙一樣熟了。

所幸我們的水害在廚房天花板自己顯露出來了，兩塊帶著淺黃污漬的石牆板開始從接縫裂開，才不過幾星期，那些來自樓上浴室的黃色小污漬開始在廚房遍地開花氾濫成災。顯然水已經自己找到方向一路往我家的地下室流，而且從房子蓋好就這樣了。這遭受水害的每一處空間最終都有帶毒黴菌生長，影響了家裡大部分的房間。

如你所見，我對黴菌病的了解是從與它正面對決來的經驗，我自己就被黴菌整得很慘，還有我的孩子跟患者們也是。當我回頭想起許多患者的症狀時不禁感嘆，「天啊！那是黴菌病，我居然沒發現。」黴菌病看起來可能會像鼻竇炎、哮喘、過敏、食物過敏、慢性皮疹、焦慮、失眠、腸躁症或膀胱過動症。黴菌會導致肝臟疾病、腎臟疾病和部分癌症。

你已經知道染上黴菌病是什麼樣子了，想想我們生活周遭裡還沒辦法將症狀跟黴菌聯想在一起的人，他們可能就會一直處於生病的狀態，或者等他們真的病了，還要花費好長一段時間來清除黴菌，他們會無法工作、無法上學、計畫好的事情總在最後一刻取消。必須接受不知所以的奇怪診斷，搭配效果有限、有風險或可能無效的治療方案，不然就是用類似自發性或肉狀瘤，以「肺-」開頭或者以「-炎」結尾的這類疾病名詞。因為黴菌影響身體諸多系統，看起來可能會像其他許多疾病，也許你就是這樣。

請填寫本書開頭的「克莉絲塔黴菌自我檢測」，自我檢測看看是否出現黴菌症狀。如果是，那你並不孤單。

我非常熱衷於宣導黴菌這個詞，在我家的水害問題越發明顯後，所有線索都拼湊起來了，顯示出黴菌正是問題所在。我立刻開始用過去為黴菌患者治療的方式為自己治療，加上房屋重新整修之後，我們逐漸好轉。如果你正因黴菌覺得不舒服，你會需要本書裡所教導的各種方法。

1.1
黴菌存在的意義

黴菌的隱性工作，同時也是它存在地球上的意義：回收和分解。平心而論，我們需要黴菌，我們不能沒有黴菌。黴菌將植物殘骸轉化成營養物質，能促進新生植物生長，所以黴菌很有用——但僅限戶外，而非室內，黴菌一旦在室內恣意生長，就會失去控制。原本有用的黴菌就會為了生存而變成想要統治世界。可以的話，黴菌會接管你的建築、物品和身體。

你必須了解有關黴菌的事實，如下：

黴菌⋯1 是生存高手
　　　2 會釋放毒氣
　　　3 是惡霸
　　　4 會入侵體內
　　　5 會導致呼吸有毒
　　　6 會戰到至死方休
　　　7 會讓人變成軟腳蝦
　　　8 會引發對甜食的渴求
　　　9 會讓人瘋狂、產生腦霧和變得懶散
　　10 會引發過敏

11 會引發食物過敏
12 讓人對化學物質過敏
13 讓人對電磁波過敏
14 很難辨識的疾病
15 經常被誤診的疾病
16 是可恥偽裝的一部分

21

接下來的部分將詳述每一個重點。但是，如果這 16 項標題對你來說已經足夠，請跳至 1.3 黴菌疾病的症狀，看看你能否判斷出自己或認識的人是否染病，無論如何都請記住，如果得到了黴菌病，是能夠好轉的！

1 黴菌是生存高手

黴菌是終極生存高手，宛如真菌世界的海豹部隊，作為地球上最古老的生物物種之一，黴菌已知的生存策略如下：

Ⓐ黴菌知道如何潛入建築內部不會被發現。

Ⓑ黴菌能在隱密的水源中生存。

Ⓒ黴菌會摧毀對手以取得領土。

Ⓓ黴菌堅韌頑強；會保持低調等待逆境過去後再次生長。

Ⓐ黴菌知道如何潛入建築內部不被發現。黴菌可以在建築內部生長而且不著痕跡。黴菌既看不到也聞不到，讓人幾乎察覺不到它的存在。黴菌生長在地板底下及牆壁後面，常常被人們誤認為是灰塵或地毯污漬，有毒的室內黴菌如果沒有暴露在空氣中，很少會有氣味，如果你聞到霉味、發霉或一股霉氣，那肯定有問題，請記住這一點：黴菌會潛伏而且不會有任何味道。

Ⓑ黴菌能在隱密的水源中生存。黴菌只要有一點濕度就能生長，不需要看得見的水，黴菌存在於顯微鏡可見層，對我們來說微不足道的水量，對黴菌孢子來說可能就像湖泊一樣大，只要室內濕度夠高、夠潮濕就可以。

黴菌吃任何富含碳水化合物的物質，不挑食。任何石牆、膠合板、底層地板、地毯、紙板、軟木、纖維板、定向纖維板（OSB）

就足以餵養黴菌，或像我一位木匠朋友所說「只要曾經是木頭」的都可以。任何拿去做成紙或塗層的材料都是黴菌的食物，能消耗越多或分解越小就越好。這就是為什麼定向纖維板上生長的黴菌會比膠合板來得更多——因為需要更多時間消化。

如果灰塵夠多，黴菌甚至可以生長在水泥上。

> 灰塵**餵養**黴菌

提到灰塵，灰塵是餵養黴菌最輕鬆的其中一種方式。只要提高室內濕度，就能為黴菌孢子提供養分跟水分。試想相框、門框上緣、書架上的書籍上緣、儲藏物品等這些地方有經常清理灰塵嗎？

（備註：本書編輯說他們讀到這裡就停了下來，把房子和辦公室的灰塵都好好清理乾淨一遍。如果你忍不住想去清一下灰塵，那就去吧，這很自然，你不是憂鬱症患者，而是個積極主動的生活學習者，等你回來，書還會在這裡，去打掃吧。）

◎**黴菌會摧毀對手以取得領土。**黴菌是一名鬥士及伺機生存的高手，黴菌一旦找到了最佳的甜蜜窩，就會為這個窩戰鬥。如果別的黴菌或細菌想入侵它剛找到的新窩，黴菌會釋放出有毒化學物質來毒害入侵者，這些化學物質被稱為黴菌毒素（mycotoxins）。

◉**黴菌堅韌頑強。**黴菌群會犧牲資源來確保物種存活，菌群如果受到威脅，就會將孢子射向空中，讓孢子寶寶能夠找到更好的新環境。

我認為黴菌孢子就像電影「超人」裡嬰兒超人的分離艙，超人的父母知道星球即將毀滅時，把嬰兒放進分離艙之後射向太空，作為物種的希望燈塔，分離艙裡裝備了維持嬰兒超人生命所

需的一切，直到他找到適宜居住的新星球為止。孢子就像超人的分離艙一樣，有食物、生存情報以及尋找新土地和成長地的固定傳播方式，孢子會一直飄浮在空中，尋找任何一點濕氣。

勤於控制室內濕度，別讓室內環境成為一個適合黴菌居住的星球。

2 黴菌會釋放毒氣

室內黴菌會釋放出許多有毒的氣體，但黴菌毒素才是最危險的，黴菌毒素的毒性強大到足以製成化學武器，世界各地的軍隊都在製造儲存黴菌毒素生化武器。我會這麼說不是危言聳聽，而是為了說明黴菌毒性的重要性，黴菌毒素就是這麼強大又潛在著危險。黴菌毒素需要受過專業訓練的人穿著適當防護裝備才能處理。好，既然知道那是危險氣體了！為什麼我們還要跟黴菌一起住在家裡呢？

室內黴菌在爭奪領域的時候，人類和寵物很容易被黴菌戰火波及，室內黴菌會發射毒氣彈來殺死其他種類的黴菌，接著黴菌毒素會滲透石牆、絕緣材料、地板、油漆和其他建築材料來污染我們的室內空氣和家中物品，而且我們無法透過嗅覺來察覺黴菌毒素的存在。

沒有錯……黴菌毒素，是黴菌毒性最強的部份，無法透過偵測氣味來察覺。

黴菌毒素
沒有氣味

不過世界上當然也有會散發各種臭味的黴菌──那種腐臭、像發霉的味道。這些氣味是來自於黴菌大量製造出的其他化學物質，比如揮發性有機物（VOCs）、醛類和醇類，這些物質暴露在空氣中的時候，味道很不好聞，但如果黴菌被建築材料擋在後

面的話，我們的鼻子可能根本聞不到那個味道。

　　當我們經過一團看不見又無臭無味的黴菌毒素時，黴菌毒素就會進入我們的體內。黴菌毒素會比黴菌孢子更深入我們的肺部，黴菌毒素與孢子不一樣，孢子就像豆莢或種籽，是一種生存的材料；而黴菌毒素是一種化學物質，是像瓦斯一樣的毒氣。

肺部與黴菌

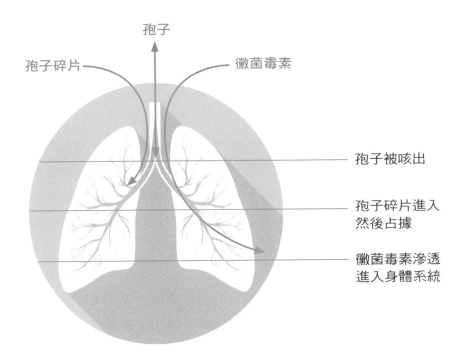

　　黴菌毒素比孢子小 50 倍，會通過鼻子、鼻竇和肺部內層，慢慢深入我們的呼吸道。我們的皮膚無法抵擋黴菌毒素，尤其是手跟腳的皮膚，而且如果吃下黴菌毒素，毒素會磨穿腸道內壁，

然後移動到人體各大重要器官，甚至會進入胎盤影響尚未出生的嬰兒。黴菌毒素對所有的生物都有害——人類、動物和植物。

如果各位聞到一股腐臭、發霉、有霉氣的味道，請盡速離開。這表示黴菌氣體正在滲入各位的身體，影響各位的健康。腐臭的味道就是有毒化學物質。

我從來沒想過黴菌問題會出現在我的房子裡，因為我們家不算老舊，也沒有腐臭味。我不知道一般人會怎麼想，但是我把黴菌問題跟屋齡畫上等號。我說服自己，既然我對黴菌很敏感而且又沒聞到異味，所以我的房子是沒問題的。

我完全小看了黴菌的問題。

3 黴菌是個惡霸

黴菌的行為就像惡霸，特別喜歡特定族群的人。某些人對黴菌非常敏感，某些人就不會，黴菌好像就是有本事找到特殊敏感體質的人，這種容易受影響的體質是與生俱來的，跟身體強不強壯沒有關係。我曾見過競爭心強的運動選手在沒有保護裝置的情況下自行清理黴菌，結果卻因為黴菌而癱瘓。

我認為黴菌病是一種「金絲雀病（canary illness）」。金絲雀病是由環境傷害所造成，當劑量大時會影響所有人，但某些人只要小劑量就會生病，對小劑量敏感的人就如同是煤礦坑裡最佳的金絲雀，當毒氣上升時，對環境空氣敏感的金絲雀會唱歌，警告煤礦工人毒氣已到達危險水平，應該盡速離開礦坑。

但是各位還記得後來金絲雀怎麼了嗎？牠不再歌唱，因為牠死了！金絲雀受到嚴重的環境毒素傷害而死。這麼做雖然病態

每個人對黴菌的
反應不同

卻是有效的，可以保護煤礦工人的安全，要是礦工沒有聽從死鳥的警告，他們也會死掉。

　　黴菌也有相同的特性，每個人對黴菌的反應不同，第一個有反應的就是金絲雀。黴菌就是利用這種敏感體質，向全世界宣告自己的毒性。如果各位的生活中也有像「金絲雀唱歌」生病的人，而且曾經歷過水害的話，為了各位的健康著想──請聽聽看他們怎麼說。

　　敏感性的差異可透過基因解釋，每個人都具備獨特的基因，再加上過去的健康狀態，都會導致對有毒黴菌產生不同的反應。例如，某些人對黴菌孢子過敏，某些人則沒有；某些人基因上對黴菌毒素敏感，某些人卻沒有。沒有任何一個個體會對同樣數量的黴菌孢子或黴菌毒素出現相同反應，但是我敢說沒有「人」能避得過黴菌毒素的危害。別忘了，軍隊把黴菌毒素當成武器使用是有道理的，差別只在於劑量大小和持續暴露時間所產生的不同。

4 黴菌會入侵體內

　　病態建築裡的黴菌會入侵人體。如果各位在發霉的環境中居住或工作，即使之後離開了生病的建築，還是有可能繼續生病，就算停止暴露於黴菌環境中，各位的物品和體內還是有可能攜帶著黴菌。

　　遭受水害的建築會建立一個有害健康的生態系統，裡面充滿了瘋狂失控的角色，就像電影「瘋狂麥斯憤怒道 *」裡一樣，每個人都只為了自己而活，不信任其他人。真菌、細菌和寄生蟲等這些生物，就像生命的駭客。

---

* 編註：是一部 2015 年美國和澳洲合拍的末日驚悚科幻動作片。

它們會形成一層所謂的生物膜——一種生物材料的黏液層。這個大壞蛋會透過自我隱藏及提供類似暗網的共享網絡在惡劣環境中存活。這些壞蛋會相互分享生存代碼，同時相互競爭最終決定誰將勝出。例如，根據每一個間諜提供的訊息來決定環境是否完善，或是否能安全發送新的孢子。

生物膜裡的壞蛋會透過毒害其他生物來取得勝利。想想電影「瘋狂麥斯憤怒道」中的車輛，把廢氣噴在競爭對手臉上，這些廢氣——黴菌毒素和細菌毒素——就是讓我們生病的罪魁禍首。

病態建築的生物膜會把資訊分享給在各位體內生根的生物，最後，建築裡的生物膜就變成各位體內的生物膜。這種情況可能發生在各位的鼻竇、肺臟或消化系統中，不會因為我們離開了病態建築物，問題就消失。

> 無論你走到哪裡
> **問題都會跟著你**
> **到哪裡**

5 黴菌會導致呼吸有毒

黴菌入侵身體時，初期會棲息在鼻竇裡，黴菌會讓人呼出不好的口氣，但是可能跟各位想像的不太一樣，不好的口氣不是指口臭，而是比較像有毒的口氣，也就是帶著毒素的氣息。因為來自水害建築的鼻竇黴菌存在於好鬥的生物膜中，會主動吐出黴菌毒素來毒害任何有意侵犯領域的生物。

這就會讓我們的呼吸對自己和他人產生毒性。每一次吸氣會吸入黴菌毒素，每一次呼氣又會呼出黴菌毒素；吸入的黴菌毒素會被吸收到體內，呼出的黴菌毒素會讓身邊的人生病。在我的醫療執業生涯中，黴菌病患者的家人常常也會出現黴菌症狀，就算他們的黴菌毒素檢驗結果是陰性。

有些人對鼻竇黴菌是否真的會造成危害提出質疑，要是把每個人的鼻腔都放到顯微鏡底下檢視，會發現所有人的鼻竇裡都有一點黴菌。所以如果每個人鼻竇裡都有真菌，那為什麼有的人會生病，有的人卻不會呢？

理由是什麼？在水害建築裡的暴露程度會讓一切大不相同。

研究人員把這個現象叫做菌落殖民，因為那並非感染。我們鼻腔中

> **暴露在水害建築物中的程度**是將正常鼻竇真菌轉變成壞真菌的關鍵

的真菌一旦暴露在水害建築的不良生態系統中就會變成罪犯，一個曾經和平共存的殖民菌落就會變成世界末日的景象。

6 黴菌會戰到誓死方休

黴菌瀕死之際，會戰到最後一兵一卒為止，垂死的黴菌會比活著的黴菌吐出更多黴菌毒素。如果這樣還不夠嚴重的話，在有其他黴菌毒素存在之下，每種黴菌毒素毒性都會變得更強，這叫做相加效應（additive effect）。典型的水害建築裡，會有不只一種的黴菌物種試圖建立優勢地位。別忘了電影「瘋狂麥斯憤怒道」裡，在劍拔弩張之際，垂死的壞蛋生物膜會用毒氣彈炸毀整個環境。黴菌彷彿就在說著「要死，也要拖著你一起死」。

在一定的濃度下，建築內容物其實會累積黴菌毒素——變成毒氣只是遲早的事。這就是為什麼有的人在整治了黴菌之後卻仍然沒有好轉的原因，因為黴菌毒素留在建材中了。

瀕死黴菌的另外一個問題是它會分裂成小碎片，碎片會以驚人的速度形成，單一孢子可以分裂成 500 個碎片。碎片比孢子小，但是沒有黴菌毒素那麼小。如同上述肺部圖表所示，碎片可以通

過肺部的清除防禦系統，更加深入肺部，碎片在裡面會不斷刺激肺部組織，碎片所攜帶的去氧核醣核酸（DNA）蛋白片會引發過敏反應。

由於黴菌毒素增加及碎片形成的特性，我通常不會建議大家自己動手清除黴菌，尤其是已經出現症狀的人，不值得冒這個風險，應該聯絡專業人士尋求協助。

7 黴菌會讓人變成軟腳蝦

黴菌會以幾種不同方式削弱人體的免疫防禦力，黴菌毒素會降低免疫系統對抗感染的能力，可能會發現自己比以前更常生病；或是生病時，免疫力好像沒辦法像以前那樣發揮，黴菌病患者經常主訴感冒似乎好像永遠不會好、鼻竇總是出問題，或是哮喘很常發作。

如果免疫力真的被黴菌削弱，那可能根本連感冒的能力都沒有，黴菌會在基因層級上與免疫系統重新連線，有了新連線之後，人體不會真的出現生病的症狀，但不知為什麼老是會隱隱約約覺得難受。病毒感染進入慢性期，而且會低空飛行避開醫生的偵測雷達。

免疫系統不但負責對抗感染，還負責清理體內的垃圾。黴菌毒素中毒的人，會因為體內廢物過多而變得遲鈍，這是黴菌增加某些癌症風險的方式之一。

因為太不舒服而無法離開，我們持續暴露在有毒的環境下，最終發展成致癌的程度。有毒黴菌會讓慢性病毒感染者特別容易罹患癌症──這是多不公平的雙重打擊啊！

8 黴菌會引發對甜食的渴求

前面我提到黴菌只需要一點碳水化合物就能存活，那麼各位認為鼻竇裡面有黴菌菌落的人會對什麼產生渴求呢？碳水化合物！而且越簡單的碳水化合物越好。我指的是麵條、麵包、餅乾、薄脆餅、鬆餅、麥片和麵粉製的所有東西；不過黴菌更喜歡我們直接吃糖：咖啡裡的糖、燕麥片裡的紅糖和糖果。酒精飲料裡面的糖也是黴菌的最愛。

黴菌會讓你**想吃糖**

如果黴菌沒有取得養分，就會開始在人體內死亡，死亡時會釋放出有毒化學物質，這些化學物質會傳遞到大腦，影響思考能力；我的黴菌病患者描述只要不吃甜食的話，就會有一股濃霧籠罩大腦的感覺，就像湯姆漢克斯在電影「跳火山的人」中飾演的主角也被診斷出「腦霧」一樣。

這些化學物質也會讓全身的疼痛程度上升，無怪乎人們嗜吃甜食，因為吃甜食的感覺總比處於腦霧跟痛苦不堪要好！或者，我們也可以把黴菌病治好。

如之前所述，黴菌會將鼻竇當做殖民地，但也有少量黴菌會移居到肺臟及腸道。某些人，尤其是長期使用類固醇藥物的人，他們的腸道黴菌會變成密集的生物膜菌落，生物膜裡住著一種名為念珠菌的腸道真菌，念珠菌會自行吞噬食物，並降低腸道內壁吸收營養的能力，我們從這些受黴菌病所苦的人身上目睹過許多奇怪的渴求，因為他們想獲得更多的營養。

9 黴菌會讓人瘋狂、產生腦霧和變得懶散

黴菌病患者會變得有點瘋狂，因此經常會被人誤解。如果他

們是金絲雀，可能會比周遭的人更早開始覺得不舒服，並且實際感受到身體上的症狀，但是黴菌的症狀非常不明確，會出現在許多不同的部位，因此很容易被解讀成別的問題。

　　每個人對黴菌的反應都不同，黴菌很會躲藏，因此我們通常不會發現黴菌是問題的根源。所以，黴菌病患者會感覺像得了憂鬱症，他們會環顧生活周遭，好奇別人是不是也有相同感受。打起精神來吧金絲雀，你沒有發瘋。一個簡易的醫學檢查就能證明你是正常的（詳情請參閱「1.4 診斷和檢驗」一節）。

　　我會用模糊（hazy）這個詞，來描述我從黴菌病患者身上觀察到的認知困難和視力變化，許多患者說他們就像是有點微醺或喝茫的感覺，沒辦法讓大腦正常運作。視力經常受影響，導致視力模糊；有的患者主訴焦距問題，左眼跟右眼好像無法協調聚焦一致。這些視力變化問題都時好時壞的，所以經常最後就歸咎於是太累的關係。

　　患有黴菌病的人經常會抱怨感覺很累——不是睡不飽的累——比較像是疲勞或蠟燭燒盡的累，部分患者描述那種感覺就像用「低電量」模式在運轉，有時候離開病態環境後精神會好一點，但也不是每次都見效。因為事情沒這麼簡單。黴菌病患者的鼻竇裡有專門做壞事的黴菌，所以無論去哪裡，問題都會如影隨形。研究人員發現，有慢性疲勞症候群的人跟暴露在水害建築的人之間存在著高度關聯性。這不是懶散，這是疾病。

10 黴菌會引發過敏

　　如果各位持續暴露在水害建築裡，可能會對所有東西產生過敏現象，當然你可能不只對黴菌過敏，還可能對花粉、草皮、灰

塵、寵物皮屑等物質過敏，只要是你想得到的東西，都可能會過敏。我曾經治療過的一位患者是對葡萄過敏，所以這真的很難說。

黴菌會讓我們對經常接觸的東西產生過敏反應。在前面「黴菌會讓人變成軟腳蝦」的小節裡，我談到黴菌如何重新連上免疫系統，不只讓免疫系統在面對病毒時變成軟腳蝦，還會導致系統在錯誤的情況下產生過度反應。花粉飄散在空中不是為了找人類麻煩，但是如果是對花粉過敏的人，肯定就會有被找麻煩的感覺。所有過敏反應都讓人變得悲慘又疲弱不堪。

這裡我要暗示大家，過敏的核心問題可能就是黴菌。如果一個原本正常又健康的人，在搬了家或換了新工作的下一季出現新的過敏症狀，就要聯想到黴菌。很常見的情況是，黴菌一旦清除後，過敏症狀就會消失。

11 黴菌會引發食物過敏

如果人持續暴露在黴菌之下，就會引發食物過敏。如前一節所述，各位可能會對經常吃的食物產生過敏反應，在黴菌的影響下，身體開始會把經常吃的食物視為永久威脅、視為應該攻擊的外來物，這樣就可能導致腸胃脹氣和發炎。

黴菌毒素會隨著我們吃下去的食物被腸道吸收，就連寵物也會。黴菌毒素最常出現在穀物、麵粉和果乾之中，黴菌可能是穀物過敏人數逐年增長的幫兇，黴菌毒素在消化道向下傳播時，會破壞腸道內壁。我們痛苦的身體會藉由腹瀉來沖洗結腸以排除毒素，然後隨之而來的可能會是便祕。對患有黴菌病的人來說，腸躁症、便祕腹瀉交替，或像我一位患者描述的「又便祕又腹瀉（consti-rrhea）」等，這些狀況很常見。

12 黴菌讓人對化學物質過敏

黴菌毒素是需要盡量安全從體內清除的有毒化學物質，我們仰賴肝臟和腎臟來完成這項工作，這些器官透過將有毒化學物質包裹成尿液和糞便的形式排泄出去，以降低黴菌毒素的危險性。

不幸的是，黴菌製造的黴菌毒素量比我們身體所能處理的量還多很多，1 平方英吋的黴菌有超過 100 萬顆孢子。日復一日，年復一年，黴菌大量釋放出有毒氣體，讓肝臟和腎臟必須處理這些彷彿充滿有毒氣體的氣球，一旦處理不及，就會被塞住。

被塞住的器官無法正常處理我們每天所接觸到的其他化學物質，例如香水、清潔用品、個人護理產品和蠟燭中的化學物質等，都變得難以處理。對黴菌病患者來說，普遍都會傾向使用無味且天然的產品。

13 黴菌會讓人對電磁波過敏

在細胞方面，黴菌改變了我們對電流的敏感性，就算對 Wi-Fi 這樣的電磁波（EMFs）也一樣，黴菌病患者在電磁波周圍會感覺不舒服，是因為黴菌會損害人體對電子信號的敏感度。雖然把科學過度簡化了，但我是想對這種普遍卻很少被研究的現象表達不滿。

我們移動骨骼系統和肌肉時——換句話說，就是我們在運動的時候，其實會在身體內部製造「很好」的電磁波。雖然這些電磁波「很好」，但對敏感的人來說卻會覺得不舒服。因此暴露在水害建築下的人比較傾向少運動，以減少電磁波帶來的負擔。

再來又要講懶散的部分了。黴菌非常樂見人類長時間躺著不

動，好讓黴菌在各位身上施肥。不行！我們一定要持續運動來對抗黴菌。

14 黴菌病很難辨識

大部分的人要幾個月的時間才會緩慢發展出黴菌病，症狀很不明確、很輕微，而且就算暴露量相同，也會出現不同的反應，因為黴菌能隱身在建築內部，症狀也通常不會只有跟黴菌有關。有一個線索可供大家參考，如果症狀在下雨天、雪融化後、氣壓變化，以及吃了碳水化合物之後惡化的話，那就有可能是黴菌。

就算是對訓練有素的醫生而言，黴菌也是不容易辨識的，對我來說就是。我需要臨床工具輔助，因此我設計了「克莉絲塔黴菌自我檢測」，各位可以自行填寫後交給你的醫生。利用問卷可以略知黴菌是否對你來說已經造成了問題，然後在整個療程中確認是否出現其他問題，並幫助做後續追蹤。請將符合自己症狀的方框打勾，然後計算分數。

15 黴菌病經常被誤診

黴菌經常被傳統醫學誤解，有關黴菌病的對話只停在「孢子病（spore sickness）」的階段。我所謂的「孢子病」，是指由黴菌孢子直接引起的反應症狀，通常會被稱作黴菌過敏。

黴菌過敏確實存在，但那只是複雜局面裡的其中一塊，黴菌毒素才是更大、更具破壞性的問題。只要一想到黴菌病，我會把「孢子」和「黴菌毒素」引發的疾病同時併入。

孢子會刺激眼睛、鼻子、喉嚨、鼻竇、內耳和肺臟，但是黴

菌毒素只要透過我們呼吸、攝食、經皮膚吸收就會進入人體內散播得又遠又廣。黴菌毒素會傷害整個呼吸道、眼睛、耳朵、腸道、肝臟、腎臟、皮膚、神經、免疫系統、骨髓、膀胱和大腦。同時這麼多地方出狀況，光憑一種症狀實在很難馬上確定為黴菌病。

孢子症狀 ➕ 黴菌毒素症狀 🟰 黴菌病

　　如果你的醫生從來沒有跟你討論過黴菌病的話也別難過，我相信你的醫生是真心想幫助患者，這是他／她從事這個職業的原因，或許並非漠不關心，只是對黴菌可能造成的傷害認識不夠。我也有為各科醫生提供專業級的教育課程，許多人都在了解黴菌問題後覺得非常受用，並且想要學習可能的解決方案，無論他們是否熟知如何使用天然藥物，我覺得醫生都是想要幫助患者的。

　　我認為最困難之處是一直以來缺乏一個普遍認可的實驗室檢驗，很難證明是否接觸這些黴菌毒性：黴菌毒素、醇類、醛類和揮發性有機物（VOCs）。如今檢驗方式已經有改善，我希望醫學界能用自己的理解方式前進，並在出問題時能馬上揪出黴菌。

16 黴菌是可恥偽裝的一部分

　　這麼說好了，黴菌病既猖獗又難以辨識。職業安全與健康協會（OSHA）估計，每四棟建築物中就有一棟水害嚴重到能讓有毒黴菌滋長，黴菌會對人類健康造成負面影響，這代表有很多人處於黴菌的危險之中。

　　不幸地，有些團體喜歡封鎖有關黴菌病的資訊。許多關於黴菌的故事都是發生於大學宿舍、住在地下室、夏令營、志願服務，或身為菜鳥被分配去做討人厭的清潔工作等開始的。

　　許多黴菌故事也與那些已知存在黴菌問題，卻又不誠實，隱瞞問題的人有關。保險公司、房東、有職業環境暴露風險的公司，以及與地產經紀人合作的屋主都很有可能因此賠錢。不要被騙了，這絕對是錢的問題。

　　舉個例子，我最近參加一場會議，住在一個非常棒的度假勝地，與會人士因為在某個會議室出現一些諸如腦霧、混亂、困倦、流鼻涕、喉嚨痛、鼻涕倒流和心悸等症狀而來找我。出席會議的費用很貴，所以與會者強硬要求度假村必須讓他們得到與費用等值的資訊。最終，度假村管理部門請我以黴菌專家身分進行判斷。

　　一走進房間，我就覺得有問題，我馬上開始耳鳴，接著我注意到天花板上有一塊區域因為屋頂漏水而發霉，這很明顯是水害，還有腐爛的木頭上面覆蓋著細小的白色粉塵。當我指出問題點，管理部門表示那不是黴菌，只是灰塵；我要求將這些粉塵當作證據進行檢驗，因為我們沒辦法以肉眼判斷黴菌，必須進行科學採樣和診斷檢驗才行。

　　最後那些檢驗都沒有做，有人告訴我度假村的維修部門詢問了一位專家，專家說這不是壞的黴菌，所以他們就置之不理了。他們決定省錢忽視這個問題。

　　附帶一提，後來會議主辦單位接受與會人士的意見，把會議移到新的地點舉辦。度假村寧可省錢，也不願拆除建材來解決問題。問題到最後真的有解決嗎？

　　只要有任何黴菌或室內發霉都是壞事！有些種類的黴菌比其

他黴菌更糟糕，但只要是黴菌都會釋放毒氣。對，那也包括霉菌（mildew）* 在內。霉菌屬

室內黴菌是**絕對不可以的**
──絕對、絕對、絕對不行

黴菌（mold）家族的一員，雖然不屬於有毒的室內黴菌家族，但霉菌仍會分泌許多相同的化學物質，比如揮發性有機物。這對我們呼吸的空氣來說並不是好事。

---

* 編註：霉菌（mildew）與黴菌（mold）不同，霉菌通常為白色、灰色或黃色，具有粉狀或柔軟質地。

1.2
知己知彼，百戰百勝

　　我們家廚房天花板上明顯的石牆裂縫已經存在好幾個星期了，但我一直沒注意到。我的家人有注意到，他們以為我也有看到。短短幾星期間，大量的黴菌孢子從石牆後面長了出來，就在樓上的浴室跟樓下的天花板中間。黴菌只要 24 至 48 小時就能在潮濕的環境生長。當然，最好是隨時保持警惕，並且一發現有水害就快速做出反應，但萬一根本沒注意到的時候，該怎麼辦？

　　下表是室內環境中最常見的黴菌和黴菌毒素，經常被媒體報導的就是「黑黴菌（black mold）」或叫做葡萄穗黴（stachybotrys），但所有黴菌毒素都會危害人類健康。各位為了讓健康好轉其實並非一定要了解這麼多，又不是要參加考試，這是為了讓習慣看表格的書蟲所準備的。而且也能幫助各位在做檢查身體時連結其中關聯性。

黴菌毒素	黴菌來源
黃麴毒素（Aflatoxin）	黃麴菌（Aspergillus flavus）
	寄生麴菌（Aspergillus parasiticus）
球毛殼菌素 A（Chaetoglobosin A）	球毛殼菌（Chaetomium globosum）
恩鐮孢菌素 B（Enniatin B）	新月形黴菌屬（Fusarium species）
黴膠毒素（Gliotoxin）	薰煙色麴菌（Aspergillus fumigatus）
赭麴毒素 A（Ochratoxin A）	粽麴菌（Aspergillus ochraseus）
	黑麴菌（Aspergillus niger）
	疣孢青黴菌（Penicillium verrucosum）
	青黴菌（Penicillium nordicum）
	金黃青黴菌（Penicillium chrysogenum）
桿孢菌素 E（Roridin E）	葡萄穗霉（Stachybotrys chartarum）
	新月形黴菌屬（Fusarium species）
黃黴毒素（Sterigmatocystin）	雜色麴菌（Aspergillus versicolor）
疣孢菌素 A（Verrucarin A）	葡萄穗霉（Stachybotrys chartarum）
	新月形黴菌屬（Fusarium species）
玉米赤黴烯酮（Zearalenone）	新月形黴菌屬（Fusarium species）

別忘了，室內黴菌還會吐出如揮發性有機物、醛類和醇類等其他化學物質。

黴菌恆久遠，一孢永流傳

不知道各位是不是也會這樣，但是比起死背圖表清單，故事更容易讓我記住，因此我在書中放了一些實例故事，以防萬一各位的學習方式都跟我一樣。在下列的故事中，各位可能會注意到黴菌病沒有一致的樣貌，在每個人看起來可能都不一樣，而且會導致諸多症狀。

各位可能也會注意到，故事裡多數人的症狀也可以用其他疾病來解讀；可能還會注意到，每個故事裡的英雄都透過治療黴菌獲得改善，而且改善最多的，就是離開黴菌環境。閱讀其他人的

經驗故事，可以讓學習變得有趣，同時也帶來希望；如果各位正在和黴菌病打交道，我希望其中至少有一個故事能激勵各位恢復健康。

說故事時間到了！

STORY │ 受傷曲棍球選手之神秘案件

一位曲棍球世家的媽媽帶著有刺痛困擾的十幾歲兒子來求診——頸部神經痛。刺痛就是一直不好，有大學球探關注到他，但原本的刺痛已經演變成會癱瘓他射門手臂的神經疼痛，幾乎毀了他的曲棍球生涯前景。一切都是在某次犯規撞擊後開始的，那次撞擊之後，他就不斷耳鳴，隊友們還取笑他被撞得很慘。

物理治療師強迫他休息，並且要求他復健。雖然病情有所改善，可是一回去練習，病情又會再度惡化，所有醫術精湛的醫療團隊他都看了——神經學專家、風濕病專家、物理治療師、脊椎按摩師、按摩治療師，最後是精神科醫生（以防一切都是大腦作祟），結果好像都沒有幫助，只要一回去練習病情就每況愈下。這可憐的孩子什麼都試過了——特殊飲食、復健、心理諮商等等，結果刺痛依然存在，他想趕快好起來去打曲棍球，不過運氣太差。

我對他的症狀進行全面檢視之後，得到了更多資訊。他提到自己必須經常從溜冰場下來去小便而感到煩躁，這只不過是溜冰時的其中一個困擾而已；他還提到出現難聞的氣味和對甜食有莫名的渴求。他因為溜冰而有長期的坐骨神經痛病史，每次練習就會發作，不過他學著跟坐骨神經痛和平相處；還有只要皮膚碰到曲棍球棒就會起疹子，以及奇癢無比的香港腳，不過他說「所有曲棍球員都有皮膚問題。」

無論什麼時候，只要看到頻尿、耳鳴、神經痛跟皮疹，黴菌就會被我列入考慮因素的清單裡，加上香港腳、對甜食的渴求和臭氣，都加深了我對黴菌的懷疑。

我們對他的環境做了一些調查，發現他在溜冰場的置物櫃裡面長滿了黴菌，他的墊子、冰鞋和頭盔都發霉了。黴菌從隊友傳給另一個隊友，大家彼此還會開玩笑比臭味「等級」，卻從來沒有將臭氣和有害的黴菌毒素聯想在一起。他的球具裝備就放在更衣室裡面，一個溫暖潮濕，有著源源不絕的汗水和洗澡水的環境。

他每天用發霉的裝備練習三個小時，呼吸著黴菌毒素，毒素滲透他的皮膚；只要一打球，他就等於在給自己下黴菌毒，只要一休息，對黴菌毒素負荷減少，症狀就獲得改善。置物櫃在他旁邊的孩子們因為不像他一樣有遺傳易感基因，所以沒有被影響。

突然之間，隨著裝備更新和更衣室整修，治療方式定調後，刺痛從此消失，耳鳴不見了、坐骨神經痛改善了、皮疹乾淨了。由於他的身體不再因為練習而持續中毒，所以也不再頻尿了。有趣的是，不只他的神經問題好轉，視力也改善了，他也是在視力改善後才發現原來之前有惡化。

所以這個孩子是軟腳蝦嗎？還是運氣很背呢？還是他有曲棍球上的情緒煩惱，需要透過心理諮商來解決嗎？不，這是黴菌問題。當身體出現不明所以的症狀時，我們往往會將責任歸咎到別的原因上，唯有持續調查真正的原因才能幫助那些受苦的人。

1.3
黴菌病的症狀

　　我們來聊聊症狀吧。請記得，黴菌有兩種武器——孢子和氣體——當中最糟糕的就是黴菌毒素。黴菌會導致身體許多部位出現症狀，我們每個人都是單一個體，有著獨特的身體化學，受到黴菌的影響也會不同，有的人非常敏感，有的人不會。歸根究柢，症狀取決於總暴露量和個人敏感度。

暴露於黴菌的症狀… 是廣泛的
可能不明確
很少單獨存在

　　黴菌病的症狀不是用一張整齊的檢查表就能適用於所有人，必須搭配整體症狀一起看會比較準確，符合的黴菌病症狀越多，我們在診斷黴菌病時就越有信心。

　　然而，我看過的每一位黴菌病患者幾乎都有一定程度的焦慮，但因為黴菌病患者自行內化處理了，所以周圍的人不見得都會發現他們很焦慮。

　　這似乎是一種不穩定、不安、不堪負荷或壓力過大的感覺，有些患者描述是覺

沒有單一症狀
可以確診為黴菌病

得焦躁不安、內心無法平靜，或是感覺即將發生厄運或擔心不好的事情將要發生；其他也有人表示害怕與人社交。這些感覺都隨著解決黴菌問題後有所改善。

STORY │ 過度勞累

一位婦女帶著慢性疲勞症候群來看我，當時她因為疲勞、鼻竇充血、失眠及恐懼不安而不堪其擾。她平常會使用類固醇噴霧來消除鼻竇充血，晚上服用含抗組織胺的止痛藥（Tylenol PM）助眠，她的恐懼被醫生診斷為恐慌症，而且發作次數越來越頻繁。醫生開給她抗焦慮藥物並要她努力做好壓力管理。但諷刺的是，藥物反而讓她更加焦慮，而且還會讓她隔天腦袋一片空白。因此她想了解還有沒有別的選項。

她在一座美麗、修復過的維多利亞式宅邸從事歷史保存的工作。休閒的時候，她會到處旅遊，參觀歷史遺跡，在歷史悠久的床上吃早餐。她熱衷於歷史，她在工作的時候會感到「高度緊繃」，又強調自己很喜歡在家度過平靜的周末。為了維持工作進度，慢性疲勞讓她在工作時更加緊張。恐懼感比以前更常出現，她很擔心自己可能不得不提早退休。

事實證明，問題確實出在她的工作，但並非來自工作的壓力——而是環境。我們把範圍縮小，發現她工作的時候，以及出國旅行在發霉的房間裡睡覺的時候，恐懼感最嚴重。她在一個發霉的場所工作，而且已經習慣了。她以為自己會過敏以及容易感覺壓力大是因為年紀大了的關係，她沒有把工作中接觸的黴菌會導致她鼻竇和恐慌症問題聯想在一起，因為她剛開始在那裏工作時這兩個問題並沒有馬上出現。

她工作的建築物中有看不見的黴菌問題。多年來持續發生各種水害事件。她的類固醇鼻噴劑可以幫助她呼吸，但這是需要付出代價的。類固醇削弱了她的免疫系統，反而讓她無法對抗建築物中的黴菌孢子侵入鼻竇。她的檢查

結果顯示鼻竇裡有多棵黴菌菌株，以及黴菌毒素負荷過高。她的恐慌發作也是因為黴菌，而非抗壓能力太差。

　　她換地方工作並接受黴菌治療之後，恐慌症不但消失，也開始變得好睡。隨時間可以慢慢停止使用類固醇鼻噴劑和助眠劑，她的慢性疲勞也獲得改善。我們可以把她的許多症狀歸咎於壓力，但是除了減少暴露之外，她的生活其實不需要有任何改變。她不僅把工作處理得更好，而且重新樂在其中。

症狀多久才會出現？

　　黴菌病症狀出現的時間真的有很多變數。由於個體易感性的差異，黴菌病症狀會在任何時候出現，可能立即出現，也有可能數個月後出現，症狀經常都是悄悄開始──溫和且可以忍受的程度。症狀要到足以引起我們注意的強度可能需要幾個月時間，典型的時間範圍是 3~6 個月。

　　女性通常比男性更早出現症狀，有一個化學理由能解釋這個現象。黴菌毒素是脂溶性的，也就是說黴菌毒素是儲存在脂肪裡的。不管怎麼想，女性的體脂肪率通常都比男性高，脂溶性毒素也增加得更快，毒素過量就會導致症狀。

每一口呼吸都有毒

　　各位在水害建築裡或鼻竇裡養著壞蛋生物膜時，每一口呼吸可能都是有害的，黴菌的黴菌毒素會污染空氣。各位呼吸的每一口氣，都帶著黴菌毒素。

為了熱愛科學的書蟲，以下是黴菌毒素影響生物體的方式：

• 導致鼻竇、肺、膀胱和消化道發炎
• 遷徙到呼吸道內壁和消化道內壁
• 吸收、儲存於脂肪中
• 干擾重要的細胞代謝過程
• 造成粒線體的損傷
• 削弱蛋白質、核糖核酸（RNA）和去氧核醣核酸（DNA）的合成
• 消耗麩胱甘肽的主細胞抗氧化劑
• 加速細胞凋亡
• 毒害身體和大腦的神經
• 對肝臟和腎臟有毒
• 影響透過細胞色素 p450 系統的藥物代謝
• 抑制免疫防禦
• 導致部分癌症
• 消除腸道內壁
• 進入大腦削弱血腦障壁
• 藉由嗅覺神經到達海馬迴和額葉
• 通過胎盤並在子宮內變得更活躍
• 可在母乳中檢測得到

給我清單其餘免談

我希望能給各位一張包含所有黴菌症狀的清單，但這是不可能的，這是因為黴菌病在人類方面的研究還不夠多。我提供的清單並不是黴菌病症狀的最終清單，但是已經包含了部分具備黴菌專業素養的醫生見過最普遍的症狀，以及那些高度暴露在黴菌下的相關症狀。

符合清單裡任何一個症狀並不代表你有罹患黴菌病。如果各位正受黴菌問題所苦惱，通常會在身體許多部位引發超過一種以

上的症狀。為了更清楚了解各位是否罹患黴菌病，請填寫本書開頭的「克莉絲塔黴菌自我檢測」，底下是檢測的症狀分類。

症狀

眼睛、耳朵、鼻子、喉嚨（眼耳鼻喉）

- 打噴嚏
- 流鼻水
- 鼻涕倒流
- 慢性鼻竇炎
- 鼻息肉
- 咽喉（back of throat）腫塊
- 淋巴結腫大

- 過敏
- 花粉症
- 耳膜脹痛
- 耳鳴
- 聽力受損
- 乾眼症
- 眼睛刺痛

STORY │ 花粉過敏

　　這名男子的故事是典型的黴菌病，他和幾個好朋友在地下室蓋了一個家庭辦公室，他原本是很健康的人，經常上健身房。但在地下室才蓋完沒多久，他就開始對草花粉（grass pollen）出現過敏症狀。醫生跟他說人會隨著年紀增長而過敏，所以他開始使用醫生建議的過敏藥物。不久後，他開始出現喉嚨痛、鼻涕倒流、眼睛乾澀、耳鳴，接著是腸躁症，但似乎又與他吃的東西沒有關係。

　　他開始很難專心工作，比起運動他更想睡覺，但他發現每當運動後他會感覺比較好轉，所以只好強迫自己運動。他的花粉熱從季節性過敏，演變成一年到頭只要戶外沒有下雪就會過敏。過敏藥物漸漸失去效用。當他在寒冷的天氣下運動時，開始出現了哮喘症狀，醫生開始建議他使用氣喘藥物，他就是那個時候來找我求診的。

　　事實證明是他的地下室蓋得不好促使黴菌生長。黴菌在所有外牆根基──正好是角落，也就是他的辦公室所在

之處，長了幾英寸。當地毯被拉出來的時候，在文件櫃下方的地毯也發霉了。草不是他過敏的主要原因，黴菌才是，隨之而來的症狀問題是因為黴菌毒害了他的身體所致。經過整治黴菌之後，他恢復到原本的狀態，但需要的時間比預期的更長，我們懷疑他還是有暴露在剩餘的黴菌毒素之下。

症狀
呼吸系統

- 呼吸短促
- 喘鳴
- 氣喘
- 慢性乾咳
- 肺炎
- 胸悶
- 對香味敏感
- 冷空氣容易進入肺部
- 慢性呼吸道疾病
- 帶血的痰或痰液
- 對煙霧排放氣體敏感
- 麴菌病（Aspergillosis）

STORY｜學生運動選手

　　我治療的這位年輕人是大學運動選手，他抱怨感冒經常不癒，而且最後都會變成細菌性感染。他變得很容易感冒，而且都會在他的鼻竇或肺部發作，需要抗生素治療。生病影響了他參加競賽的能力。

　　他還忍受著其他惱人問題，比如失眠、耳朵發癢、每天早上狂咳嗽。雖然他講話帶鼻音，卻很少有鼻涕，他的鼻涕倒流症狀只要回家就會好，但是一到學校就又會發作。

　　結果，原來他住在一間發霉的公寓裡。

　　顯然他沒有對黴菌的敏感性基因體質，他的「克莉絲塔黴菌自我檢測」得分結果為稍微感染黴菌，我很確定是是因為他有規律運動，幫他清除了黴菌毒素。生活在發霉的環境中降低了他抵擋呼吸道病毒的能力，讓他更容易被細菌感染。

我們在治療黴菌的同時，也強化了他的免疫系統，鼻涕不再倒流，他睡得更安穩，耳朵也不再發癢了。最重要的是，他恢復了競爭力，在搬離發霉的地方換了一個新工作後，他整個人都好了起來。

症狀
消化系統

- 食慾改變
- 噁心
- 腸躁症
- 腹瀉／便祕

- 嘔吐
- 週期性嘔吐症候群
- 腹脹
- 腹痛

- 潰瘍
- 食物過敏
- 渴求甜食

STORY │ 進退兩難的廚師

一名三十多歲的素食女子，因為消化系統越來越糟而來求助於我。身為一名吃貨，她喜歡吃、下廚和上烹飪課。過去幾年，吃東西讓她開始感覺像在地雷區裡散步，因為她永遠不知道什麼食物會讓她衝廁所，而且已經嚴重到必須放棄她熱愛的紅酒，她原本很喜歡在做飯、閱讀、還有跟朋友聚會的時候喝酒，她還加入了一家品酒俱樂部，而且精通什麼食物適合搭配什麼紅酒，不過最近喝酒開始會讓她頭痛和胃食道逆流。

大部分時候她覺得噁心反胃，以及不一定跟進食有關的胃痛，她的消化系統開始控制她的生活，不是經常急性腹瀉，就是不舒服的脹氣便祕。她還同時有雙腳疼痛的問題，但她歸咎於是血液循環不良和體重增加的關係。她的皮膚越來越敏感，而且使用特定乳液的時候會引發過敏。在看診過程中，她好像很容易搞不清楚狀況。

她曾經做過全身檢查，但只有一些不明確的發現。她

的上消化道內視鏡檢查顯示為食道炎，大腸鏡檢查報告中顯示腸道內壁退化但沒有潰瘍，腹腔和維生素 B_{12} 的檢查都正常。她被醫生診斷為腸躁症候群跟腸漏症。雖然醫生有開藥物，但她因為害怕藥物的副作用而拒絕了。

她無法確定是哪些食物導致了這些問題。絕望之餘，她嘗試了一種排除過敏原飲食法，幾乎排除了所有食物，讓她無法長久持續下去。她開始幻想義大利麵和紅酒，渴望吃會讓我們過敏的東西是很正常的，我只要求她要避開穀物和紅酒，其他什麼都可以吃。醫生很壞，我知道。

她感覺好很多了，但是因為她的社交生活是建立在飲食之上，避開她最喜歡的事物讓她彷彿感覺被孤立一樣。腸道重建期過了之後，我們同意讓她嘗試重新接觸穀物，一次一種，而且要非常緩慢…最後才是紅酒。調查結果很有意思，她只對非有機穀物和有機（沒錯，有機的）葡萄酒有過敏反應，我完全不知道這是怎麼回事。

然後有個人在她的紅酒俱樂部裡，發表了一篇有關發霉葡萄釀的紅酒裡面有赭麴黴毒素（ochratoxin）的介紹，沒有受到化學殺菌劑噴灑的葡萄容易滋生黴菌，這顯然是葡萄酒產業骯髒的小秘密。這家公司是少數的有機葡萄酒企業，旗下的有機葡萄酒經認證不含赭麴黴毒素，紅酒專家破解了密碼，解決了這個問題。暴露在黴菌之下正是她問題核心所在。

這名女子將體重增加和出現消化問題的時間點跟剛接下新工作的時間點做連結。她工作的大樓有個會漏水的天花板，老被大家拿來說笑；暴風雨期間員工甚至還要用廢棄桶來接漏水。很有趣，沒有人認為漏水的天花板可能讓他們生病，因為他們看不見任何黴菌。除此之外，她認為是因為食物關係才會拉肚子，不是因為大樓——或者只有她才這麼想。實際上，她是因為上面兩種原因才生病的。

症狀
心血管系統

- 大片蜘蛛狀血管
- 櫻桃血管瘤
- 容易瘀血
- 容易出血型低血壓或反應型血壓
- 缺鐵性貧血

- 靜脈曲張
- 雷諾氏症候群
- 心律不整
- 低血壓或反應型血壓
- 房室畸形

症狀
皮膚

- 敏感肌膚
- 皮膚瘙癢
- 灼燒感

- 潮紅
- 光敏感
- 皮疹

- 皮膚脫落或皮屑
- 真菌感染

STORY │ 飽受濕疹所苦的男嬰

　　一名男嬰的母親求助於我，因為男嬰從頭到腳都佈滿濕疹，他太躁動不安而沒辦法睡覺。在看診中，男嬰一直啜泣著，顯然很可憐，唯一能讓他那一碰就痛的皮膚不裂開的東西是含有類固醇和抗真菌藥物乳膏，只要漏掉一次沒擦藥，他的皮膚就會破裂到流血的程度。

　　深感無力的媽媽轉而上網求助，她爬文讀到其他媽媽說改變飲食能有所改善。她是一位非常積極主動且受過良好教育的媽媽，對孩子願意永無止境的付出；努力三年才懷第二胎，身為兩個孩子的媽媽，四歲患有自閉症的大兒子，讓她深刻體會到為了孩子該做的犧牲有多大。

　　她仔細觀察小兒子的反應，去掉所有可能會讓病情惡化的食物，最後縮減至只剩羊肉、米飯、自製有機大骨湯、藍莓和芽菜。

　　除了抗真菌的類固醇乳膏之外，她不會在小兒子的皮膚上塗任何東西，衣物都是浸泡在醋中另外清洗，並且使

用有機棉尿布，幾乎已經沒有我能建議改善的空間了。我們在澡盆加了金盞花和洋甘菊茶，以舒緩症狀讓他安然入睡。我建議檢查糞便中的腸道菌群並進行全面環境評估，這對積極主動的父母請來了一位有執照的建築生物學家來為他們的湖邊小屋做檢測。

室內空氣稽查員一臉駭然！小屋裡到處都是黑色黴菌，幾乎房子的每面石牆後面都有；濕度會失去控制是因為小屋基本上就蓋在湖邊沼澤上。檢查員說，建商根本不該取得這塊土地的建築許可。

嬰兒的糞便檢測結果顯示酵母菌過度生長，裡裡外外都長滿真菌；加上有罹患自閉症的哥哥，他很可能遺傳到對環境毒素的敏感性基因。結果證明，家中每位成員都以不同形式生病了，在小屋進行整治期間全家人暫時住在旅館中，小男嬰的皮膚就好了。

很不幸在這個個案中，還要再整治兩次才能完全消除黴菌，因為每次他們試圖搬回家，嬰兒的症狀就會發作。但值得慶幸的是，父母有密切關注。

症狀

大腦

- 腦霧
- 思想遲緩
- 找不到合適的詞語
- 困惑
- 記憶喪失
- 癡呆症

STORY ｜ 大腦發霉

一名健康的50多歲婦女，最近發生肌肉抽搐後來求診，她同時也有思想遲緩、腦霧、失眠，以及虛弱、肌肉容易疲勞等問題。她整個人狀況很差而且很害怕。

在體檢過程中，我注意到她有上運動神經元損傷（upper motor neuron lesion）的狀況。意思是說我們可以根據個人肌肉無力和抽搐的狀況，確定問題是否來自大腦，而她的情況確實是如此。

五年前她和丈夫建造了他們的夢想家園──鄉間小木屋。後來的五年間，她出現失眠、焦慮、疲勞，感覺自己就像快要死了一樣，睡眠時肌肉抽搐有時候嚴重到家人必須把她從睡夢中叫醒。經過大量診斷作業，我們發現是黴菌毒素的問題。她的症狀是從搬回母親家地下室的紀念品開始的，她把紀念品搬回家進行分類，因為她覺得母親的房子霉味很重，讓她感覺不舒服。

她就在不知不覺中，從原本的家染上黴菌。

之後她將家裡重新整修，也開始接受治療，丟掉了原本母親發霉的物品，並且暫時搬到成年子女家中。儘管已經做了全盤規劃，她還是有很長一段時間不能搬回家。

當時，我並不了解鼻竇菌落或黴菌毒素的事，以為黴菌孢子就是所有問題的來源；現在回想起來，她可能還需要治療鼻竇；如果我們當時有幫她清除身體、大腦和個人物品上的黴菌毒素，她可能就可以更早一點回家。結果她反而需要耗費那麼長的時間讓大腦重建受傷部位才能停止抽搐。

症狀
神經系統

● 焦慮	● 偏頭痛	● 震顫
● 憂鬱症	● 反應遲鈍	● 抽搐
● 不協調	● 自主神經障礙	● 白天嗜睡
● 頭痛	● 失眠	● 缺乏平衡和行走困難
● 頭暈／暈眩	● 神經病變	

STORY｜顫抖

　　一名 40 出頭的婦女和她的丈夫來求診，她最近被診斷出原發性顫抖症（essential tremor），這種疾病與帕金森氏症類似，恢復前景並不樂觀。她不斷顫抖，嚴重到影響了平衡和睡眠能力，還會心悸經常喘不過氣來。她也經常覺得自己膀胱有感染，雖然其實沒有感染，只是頻尿問題很嚴重，看診她必須不時離開診間去上廁所，家人說她變得更常哭，大家都很擔心她的健康問題。

　　她的丈夫對太太的健康似乎過度焦慮，在她去上廁所的時候，丈夫吐露出心聲說覺得自己對太太越來越不耐煩而且無禮，因為擔心導致他的睡眠總是中斷，煩躁的程度完全不像我面前這個仁慈又善解人意的男子會有的樣子。

　　經過檢查，她在第一次出現顫抖的前一年曾經被蜱咬過，後來把發現的蜱蟲全部移除並送去檢驗。發現這是一種攜帶萊姆病的蜱蟲，雖然很多罹患萊姆病的人都沒有長皮疹，但她卻在發現蜱蟲的部位長出紅色皮疹，她顯然需要治療萊姆病；當時雖然有給予標準治療，後來卻發現當時並未根除細菌。

　　對我來說明顯可能還有殘存的萊姆菌影響了她的神經系統。顫抖的手跟被蜱蟲咬的手是同一側。我們開始採取治療慢性萊姆病的指南為她治療，起初只有些微改善，我們就做了部分調整，但是她的顫抖症還是沒有太大的進步，我諮詢萊姆病專家的同事，請他們幫我核對治療指南或提供想法，其中一位同事提到可以檢查黴菌。

　　我把這個想法告訴這對夫妻時，他們臉上的表情就像犯錯被我抓到一樣。他們家裡有水害，而且跟太太出現萊姆病症狀的時間點相符。他們沒有解決水害問題，只是先把通往潮濕發霉的地下室門給關上，打算之後再處理。如同黴菌專家山迪普・古塔（Sandeep Gupta）博士所說：「如果有問題不處理，最後這些問題就會來處理你。」

症狀
泌尿系統

- 膀胱過動症
- 腎臟炎
- 膀胱感染症狀，但無明顯感染

- 膀胱激躁症
- 血尿

STORY │ 腎臟疾病

一位 21 歲的年輕人跟父母還有弟弟住在家裡，他因為深度疲勞、腰痛、血尿和性慾問題來找我看診。我已經五年多沒見到他，他的外表把我嚇壞了，眼睛下方佈滿黑眼圈，臉色不只是蒼白，而是像吸血鬼一樣死白。

黑眼圈是一條線索，他沒有充分休息、規律運動、補充水分或攝取健康食物，代表他正在消耗健康。年輕人承認自己因為工作和新戀情占據了他所有時間而沒有好好照顧身體。他還有熬夜，經常看電視看到睡著。那次看診後，我建議他改變生活方式，並同時為他安排了一些檢查。

後續追蹤後發現他的生活方式做了很好的調整，他改變飲食、喝白開水不喝汽水、開始走路上班，而且努力維持規律睡眠——不管睡不睡得著，他對改善性慾充滿動力。但是幾個月之後，他不覺得有好轉，臉色一樣蒼白，眼睛下方仍佈滿黑眼圈。他的檢查報告裡有一項結果令我擔憂。

更深入的檢查顯示他的腎臟出問題了。他得了一種病叫做腎病症候群（nephrotic syndrome）——才 21 歲！後續我調整了他的治療方案，我們很仔細觀察檢查結果。他非常配合，檢查結果和症狀都有改善，但是非常緩慢。正常來說，像他這麼年輕、有活力又健康的人，我期待他應該會幾乎完全康復。

接著他母親來找我看哮喘發作和疲勞，他弟弟也有疲勞、慢性鼻竇炎以及對新食物過敏的症狀，整個家的人都

有失眠困擾，還有其他症狀誘使我進一步詢問他們的家庭環境，結果他們家也有黴菌。

為了恢復腎臟功能，這名年輕人選擇搬離家裡，才幾個月，他的腎臟就恢復健康、背痛問題減輕、精神變好，不再需要實質的治療方案。大概在他搬走五年後，有一次他來回診，看起來很健康，性慾的問題消失，跟女朋友的關係也日益穩定，已經沒有疲勞的問題，除非熬夜或工作時間太長──但這都還在正常狀況。

確實，一開始他沒有好好照顧自己的身體。但是一旦調整了生活方式卻沒有看到成果時，就有必要進行更深入的調查。而他的問題就是黴菌。

症狀

免疫系統

- 感染的易感性上升
- 感冒久久不癒
- 病毒感染演變成細菌感染
- 慢性單核細胞或愛潑斯坦　－巴爾二氏病毒（EB 病毒）
- 皰疹頻繁發作
- 癌症易感性上升

STORY │教會秘書

一名長相秀氣的女子為了一個很尷尬的問題來尋求我的協助，女人的問題，她的外陰灼熱搔癢。她已經有很長一段時間沒有性生活了，所以沒道理外陰部會有這樣的變化。經過檢驗，她被診斷出細菌性陰道炎（bacterial vaginosis），因陰道菌群失調所引起。

她的朋友和閨密為了讓她安心，說這些麻煩事可能是因為更年期，也有可能是她的新工作壓力太大所引起。她

也承認自從擔任教會秘書以來，她經常覺得快要無法招架。在學習新工作的壓力下，她吃得不多，體重卻一直增加。壓力也總是讓她感到胃部不適跟嚴重脹氣。

結果其實她把壓力處理得很好，問題是她工作的地方發霉了，黴菌就長在她辦公室的壁板後面。

這類依賴志工維護的組織建築很容易有黴菌問題，志工善良的本性當然值得稱許，但不是人人都有處理這種問題的專業能力。水害問題會越演越烈就是因為黴菌在這種缺乏有經驗的維護下，找到進入建築物的路。

黴菌在這名女子身上創造了一個持續削弱免疫系統的環境。最初只是酵母菌（yeast）感染，但隨著陰道正常菌群努力恢復平衡，就進而演變成了頑固的細菌問題。發現黴菌之前，她吃了兩年的抗生素。雖然這是一個細菌問題，但根本原因是黴菌造成的。

因為孢子被困在壁板後面，所以她沒有呼吸道的症狀，但黴菌毒素還是滲透出來了。當黴菌問題解決後，原本體重增加、被吞沒感、脹氣和胃部不適的症狀都消失了。

症狀
生殖系統

- 月經週期的變化
- 陰道酵母菌或細菌感染
- 腹股溝真菌感染
- 兩性不孕

STORY │ 不孕症

這是前面提到的濕疹男嬰母親的故事。她和她丈夫非常渴望再懷一胎。

因為生育不是我的專長，所以我介紹她給我另一個同

事。之後她顯然是吃足苦頭才懷上現在這個患有濕疹的小兒子，那是她們家老二，老大四歲，患有自閉症。

在家裡發現黴菌一年後，她和她丈夫還是不走運沒有懷孕。他們重新整修房子，但黴菌似乎不想離開，房子總共整修了三次，每次他們一搬回家，我的病人小男嬰就會爆發紅疹。黴菌毒素也干擾了這對夫婦的生育能力。

在這個案例裡，家裡每個人都覺得不舒服，直到他們從有發霉歷史的小屋搬離。就算他們清除了黴菌毒素，也丟掉了大部分的物品；但是直到搬走之前，他們還是沒有懷孕。有的人就是天生對黴菌過度敏感，有時候搬走就是最好的行動。

看起來像黴菌但其實不是

我也有治療罹患萊姆病的患者，黴菌病與萊姆病有許多相同的規則。

黴菌和萊姆病… 會模仿其他疾病症狀
讓已經存在的疾病惡化
改變治療的反應

例如，黴菌病患者可能會因為服用抗焦慮藥物引發焦慮，或者服用安眠藥引發失眠。

如果把萊姆病和黴菌的症狀清單拿來做比較，會發現這兩個清單看起來非常相似。根據知名萊姆病專家理查‧霍洛維茲（Richard Horowitz）博士的創新成果，萊姆病有一個特性——症狀徘徊不定。例如萊姆病關節炎、萊姆病肌肉痛、萊姆病神經痛，症狀都徘徊不定。

　　反過來說，黴菌症狀不會徘徊不定。另一個特徵是，黴菌通常比萊姆病更容易影響呼吸道，如果各位填寫「克莉絲塔黴菌自我檢測」，結果並未指向黴菌，但各位仍然感覺很不舒服的話，那我推薦各位填寫「霍洛維茲萊姆病（或 MSIDS）問卷」。有可能會是萊姆病。

雞生蛋還是蛋生雞？

　　我常被問到有關黴菌和萊姆病是雞生蛋還是蛋生雞的問題。如果各位知道自己同時罹患黴菌病也罹患萊姆病（或 MSIDS），究竟是先得到哪一種病呢？我的老師天才療癒師韋恩・安德森（Wayne Anderson）博士指出，黴菌病和萊姆病都會傷害免疫系統，增加人體對各種疾病的易感性。如果先得到黴菌病，可能就比較容易得到慢性或持續型萊姆病。反過來說，如果各位罹患了萊姆病，那就比較容易感染黴菌。

　　究竟是先得到哪一種病呢？韋恩・安德森博士告訴我，先得到哪一種病並不重要，真正該問的問題是，當下應該治療哪一種病？那才是真正的雞蛋問題。答案是會變的，任何問題只要惡化，結果都會有所不同。

　　回答這個問題的最佳人選應該是具備萊姆病和黴菌專業素養的醫生，作為您個人健康的翻譯家，醫生會解讀什麼是需要解決的問題，並選擇最適合當下的治療方案。

不要驚慌失措

　　如果各位填完「克莉絲塔黴菌自我檢測」，結果顯示得了黴菌病，你現在可能非常驚慌，可能覺得沒希望了、黴菌贏了。

不可能！

　　各位已經獲得專業知識的加持。本書第一部分是了解黴菌和學習黴菌的行為與弱點。雖然黴菌似乎無法克服，但也請不要氣餒、不要放棄。你有能力和充足的資訊能讓身體好轉。利用本書工具按照步驟操作，找一位具備黴菌專業素養的醫生指導，各位就能征服黴菌，恢復健康！

1.4
診斷和檢驗

這個病名到底有什麼重要？

因為黴菌而生病的時候要叫做什麼？正式診斷名稱是什麼？這麼說好了，這通常要看各位的醫生是否具備黴菌專業素養。我們從目前為止所讀到的故事裡可以了解，你的診斷報告可能精確描述了你的症狀，但是根本原因其實真的是黴菌。

大多數醫生只對症狀符合「黴菌過敏（mold allergy）」定義時才會下診斷為黴菌，這樣的診斷並不精準，過敏只會導致「孢子病（spore illness）」，但事實上黴菌病非常多，遠遠超越過敏，因此必須有更多更廣泛的診斷，包括黴菌毒素的疾病，但目前我們沒有這樣的診斷。在這本書裡，我稱這個病叫做黴菌病（mold sickness），希望截至目前為止，你了解黴菌病是包含「孢子」和「黴菌毒素」的疾病。

　　這個領域的領導者通常都會使用描述性的專業術語，如毒性黴菌症候群（toxic mold syndrome）、生物毒素疾病（biotoxin illness）、慢性發炎反應症候群（CIRS）以及黴菌毒素中毒（mycotoxicosis）等等，但是大多數保險公司都不承認這些疾病。要怎麼稱呼這個疾病都可以，各位只要了解會使我們生病的黴菌不只是黴菌孢子而已，如果能從這本書學到這唯一的小小觀念，那我的目標就已經達成了。

自我檢查

　　各位如果還沒有填，請花點時間填寫本書開頭的「克莉絲塔黴菌自我檢測」，請務必記錄日期。建議各位最好在調整健康或對建築進行任何調整之前完成問卷填寫。等到治療完成後，也請務必定期填寫，因為填寫調查問卷是追蹤進度的好方法。

有幫助的檢驗

　　如果各位填寫「克莉絲塔黴菌自我檢測」後，擔心自己可能得了黴菌病，那各位會需要更多資訊，建議可以向各位的醫生諮詢以下檢驗，其中許多檢驗都是自費項目，這也是我對「醫療體制」感到沮喪的原因，請讀者注意。

　　我也非常歡迎所有想了解黴菌和黴菌毒素疾病評估、治療方法的醫生，來參加我們的醫師級訓練課程，以便更深入了解醫學原理。

尿液黴菌毒素檢驗

簡易的尿液檢測可以檢測尿液中的黴菌毒素。如果檢驗顯示各位的尿液中含有黴菌毒素的話，表示正暴露於黴菌之中或者體內有不守規矩的真菌——或兩者都是。這個簡易的檢驗可以幫助我們確認問題是否來自黴菌，它幫助我為數不少的「金絲雀」患者確認他們的健康真的出了問題。

這個檢驗對追蹤治療進度也很有幫助。我曾看過症狀的嚴重程度和黴菌毒素之間的關聯性，當症狀改善時，黴菌毒素就會下降，反之亦然；黴菌毒素增加，症狀也就惡化。

有時儲存於體內的黴菌毒素會在排毒過程中大量釋放毒素，導致症狀加劇，表示黴菌毒素的暴露程度與症狀存在關聯性。

我發現尿液黴菌毒素檢驗對多數黴菌病患者來說是一種非常有用的診斷工具，但不是所有人都有用。有少數排毒系統受損的人，無法把毒素輸送到尿液中。醫生可以試著誘導排泄黴菌毒素，但肯定會讓患者的症狀惡化。

某些食物可能存在黴菌毒素，所以我建議收集尿液進行檢驗之前，應避免使用第 2.1 節避開（第 77 頁）中所列出的飲食禁忌品三天。這個做法能小小的保證減少來自飲食中的黴菌毒素。請務必確保在隔日第一天早上收集尿液。這個檢驗是自費項目。

實驗室檢驗

下列檢驗可作為篩選工具，以便檢查黴菌是否會影響各位的身體。大多數是抽血檢查，抽血以外的項目會另有說明。

目的	檢驗項目
貧血	血液常規檢查（CBC）
過敏	免疫球蛋白對黴菌的反應（對黴菌毒素無反應）
免疫功能	維生素 D（25-羥基維生素 D） 白血球計數（WBC） 殺手（NK）細胞計數 殺手（NK）細胞功能 T 細胞計數 B 細胞計數 轉變生長因子 ß-1（TGFß-1）
麩胱甘肽	紅血球麩胺酸
肝臟健康	肝臟酵素（丙氨酸轉胺酵素（ALT）、 天門冬氨酸轉胺酵素（AST）、 麩胺酸轉胺酵素（GGT））
腎臟健康	肌肝酸 腎絲球濾過率（GFR） 抗利尿激素（ADH）
念珠菌過度生長	免疫球蛋白對白色念珠菌的反應
基因易感性	組織抗原 -DR/DQ（DRB1、DQB1、DRB3-5）
指標 & 影響	有機酸尿液檢查

其中對醫生確定黴菌是否導致免疫缺陷最有幫助的具體檢查項目之一就是殺手（NK）細胞功能檢查，跟殺手細胞計數的檢查項目不同。殺手細胞是免疫力的一環。

黴菌專家約瑟夫・布魯爾（Joseph Brewer）博士，是第一個人告訴我黴菌病患者普遍存在的現象，就是殺手細胞的數量正常，功能卻很低。身體會嘗試透過增加細胞數來彌補細胞的低功能，黴菌是減少殺手細胞功能或活性的少數幾個因素之一。殺手細胞功能的檢驗項目不只能將診斷範圍縮小到黴菌病，對追蹤治療進度還很有幫助。

糞便檢查

沒錯，小勺子上放糞便。全面性糞便檢查是評估體內真菌成分的可靠方法。真菌在腸道過度繁殖會導致高真菌量，對身體造成負擔。有些實驗室也會檢查真菌對各式各樣治療是否出現反應，來幫助醫生選擇最有效的治療方法。

這個檢查的局限是無法確定真菌過度繁殖的原因，不良的飲食幾乎就是唯一因素了。但如果飲食習慣等各方面都正確，卻還是出現以消化為主的黴菌症狀的話，我就會安排這項檢查。請先詢問實驗室在採集檢體前，益生菌需要停用多久時間，這樣才能獲得正確結果。這項檢查是自費項目。

鼻腔培養（posterior nasal culture）

目前這個檢驗的實用性爭論不休，準確性值得懷疑，而且許多實驗室沒有檢查鼻竇生物膜存在的某些微生物，如果鼻竇炎是主要問題而且對治療沒有反應的話，這個檢查可能是有用的。

沒有檢查是完美的。重要的是要注意許多鼻腔治療會讓這項檢查結果看似正常，但事實上並不正常。如果醫生已經確定要進行鼻內培養，請務必停止使用所有鼻腔沖洗劑或噴霧，長期使用類固醇噴霧劑也會影響準確性。曾有一名患者，她床邊的精油噴霧器足以讓培養結果呈陰性，在停止使用之後重複進行培養，就找到鼻竇生物了。這也說明了精油是很好的鼻竇抗真菌工具。

檢驗所

我要向具有開拓精神的醫生，同時也是研究人員和黴菌戰士瑞奇 · 舒梅克（Ritchie Shoemaker）博士致敬，如果沒有他就

不會有完整的黴菌書。他比其他同領域的人更早患上了黴菌病。他發現接觸水害建築物的患者都患有多系統、多症狀的病症。他精明的觀察推動了數十年的研究、創新檢驗和治療。他不懈努力的成果有助於把黴菌和黴菌毒素疾病（稱為生物毒素疾病biotoxinillness）帶入醫學界的意識中。

現在有許多舒梅克實驗室檢查可用來監測黴菌疾病。舒梅克博士也提供關於實驗室檢查和治療方案的訓練課程。即使我不是舒梅克博士培訓出來的醫生，偶爾也會使用其中一兩項創新的檢查來幫助釐清病情或提供治療方向。其中部分檢查是自費項目。

視覺對比敏感度（VCS）

視覺對比敏感度（VCS）測試是舒梅克檢查中最簡單又侵入性最少的項目。大多數的黴菌患者做這種功能性視力檢查時都不合格。這個測試是挑戰視力，確定負責視力的系統是否能夠應付挑戰。如果不合格，就要對黴菌病抱持高度懷疑。各位可以上舒梅克博士的網站 SurvivingMold 找到這個測驗。目前的檢查費用是15 美元。

STORY │ 我不是酒鬼

一個 50 多歲的男子來找我尋求第二醫囑。他的醫生一直懷疑他是酒鬼，還要他戒酒。顯然有一個檢查結果顯示他是酒精中毒，但這名男子根本不喝酒，他甚至願意到他過世母親的墓前發誓沒喝酒。

他最初會去看醫生是因為感覺右上腹疼痛，並且多次反胃，有時候會嘔吐。他的體重超重且嗜睡，而且之前已

經被診斷出罹患前期糖尿病。

他太太開玩笑說，自從小孩搬出去，他終於擁有自己的專屬空間之後就變得很懶。他的專屬空間是把其中一個孩子的房間改裝成辦公室，他會關上門，然後把窗型冷氣的風調大。他老是覺得熱，他太太老是覺得冷，因此辦公室就成了他最棒的避難所，他常常在辦公桌前坐著坐著就睡著了。

這個有問題的檢查項目叫做麩胺酸轉胺酵素（GGT），是一種肝臟酵素，數字會隨著酒精量增加而上升。他的其他肝臟檢查數字也上升，顯示肝臟很不舒服。他的血糖慢慢在增加，奇怪的是膽固醇卻非常、非常低。

他的肝臟肯定很難受，但不是因為喝酒，而是因為吸入了黴菌毒素。當初他把冷氣從儲藏室拿出來打造專屬空間，窗型冷氣裡滿滿的都是黴菌，用了幾十年從來沒有清理過。當他坐在辦公桌前，關上門，打開空調，黴菌和黴菌毒素就開始污染他的空氣和他的身體。

各位現在知道黴菌是罪魁禍首了

那該怎麼做呢？

PART 2
五項有效的方法

綜觀全局

　　有許多工具都可以自行使用，不過我還是建議各位找一位具備黴菌專業背景的醫生，知道應該用哪一種方法工具，使用多少，以及在哪一個階段使用，這些也都需要受過專業訓練的雙眼來判定。醫生的優勢是頭腦清楚、思緒清晰，訓練合格的醫生知道如何抓出問題，也許各位認為元兇應該是黴菌，也有可能實際上並不是黴菌的問題。

　　本書的資訊只是一個開端，各位可能需要更嚴謹、更全面性的照護。但遺憾的是，黴菌病被診斷出來時總是為時已晚。

　　簡言之，下面是五項有效的方法，按照順序排列：

① 避開
② 建立基礎
③ 保護
④ 修復
⑤ 戰鬥

剝開橘子皮看清楚

　　對治療黴菌病我有一套方法是有特定順序的，不過順序並非一成不變。這一套方法是我治療過許多黴菌病患者後所研發出來，按照我建議的這個順序操作，可以減輕對抗黴菌的過程中所帶來的痛苦。

　　剝橘子皮這個想法大概是我所能想到最好的比喻了，就像剝一顆橘子，沒有剝掉外皮，就沒辦法得到果肉。先剝掉外面橘色的一層外皮，再剝掉第二層的絨層才能到達中間的果肉部分。各位要按照自己的方法通過每一層，直到得到美味的果肉。對付黴菌也是相同的概念。

　　最外面的兩層是必須完全剝掉的，剩下的部分就可以自由發揮，可以只選擇能解決各位個人問題的方法就好。

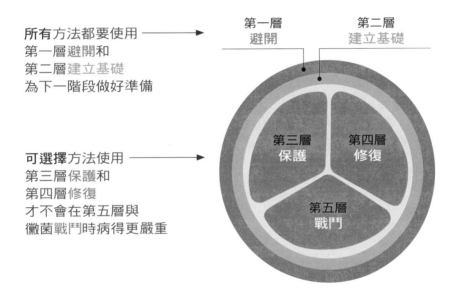

所有方法都要使用 ⟶
第一層避開和
第二層建立基礎
為下一階段做好準備

可選擇方法使用 ⟶
第三層保護和
第四層修復
才不會在第五層與
黴菌戰鬥時病得更嚴重

第一層
避開

第二層
建立基礎

第三層
保護

第四層
修復

第五層
戰鬥

　　各位如果在沒有全盤準備的情況下就開始殺黴菌，那我敢保證各位的**病情會加重**。完成前面的準備工作是為了保護各位，就像除黴專家穿的防護衣一樣，這些專家知道在沒有防護的情況下進入一棟霉害建築的危險，所以他們會採取預防措施。各位也必須比照辦理。

像我就曾經做錯順序，讓病人的病況惡化。在我全面了解黴菌對身體可能造成的衝擊之前，就馬上使用了抗真菌療法為患者治療，然後他們就倒下了。

如果各位沒有做好準備計劃就跳下去跟黴菌戰鬥論輸贏的話，不管今天各位處理的是什麼黴菌問題，都會加速惡化。

赫氏反應

對付黴菌而讓病情惡化的反應，通常稱作赫氏反應（Herx）或雅里施赫氏反應（Jarisch-Herxheimer）。這是指我們正在努力進行讓身體好轉的措施，病情卻反而出現暫時惡化的現象。真正的赫氏反應發生在黴菌大量消亡之後，被殺死的黴菌把毒素跟發炎的內臟噴濺得到處都是，此時各位的病情就會惡化，儘管人體會試圖收拾這個爛攤子，但是速度卻跟不上。

黴菌所引起的赫氏反應會直搗黃龍，進入大腦影響各位的心智功能，會出現絕望、無助和不堪負荷的情緒反應，他們可能會哭訴感覺這輩子從來沒有這麼悲傷過，卻找不出原因。我的患者曾描述感覺像是靈魂出竅、很迷惑或像吸了毒一樣。

其他赫氏反應會影響的其他身體系統包括：黴菌發炎的內部能引起發燒、冷顫、身體疼痛、肌肉疼痛、皮疹、關節發炎僵硬、腹痛、便祕和痙攣性腹瀉。

只要照順序使用這五項有用的方法，就能大幅度減輕這些反應。

如果感覺太難，就是真的太難

我並不熱衷於追求赫氏反應，說這些是希望大家能對各種可

能性有所警惕。在各位努力讓病情好轉的同時，情況卻反而惡化是很常見的事，但其實沒必要經歷這一段。只要做好準備，各位就能一帆風順地度過，隨著療程進展越來越好，身體也不會垮掉。做好準備雖然無法保證各位不會出現赫氏反應，但絕對不至於讓各位走到身體垮掉這一步。

黴菌環境醫學的趨勢是「追求赫氏反應」，好像有赫氏反應就是步入正軌的證明，彷彿赫氏反應持續的時間越久或者反應越激烈，就等於殺死越多黴菌的想法，我並不認同。

真實的赫氏反應會持續 2-3 天，然後完全乾淨，有時需要其他方法輔助（那是完全不同的方法——第 2.5 節「戰鬥」中會講到）。如果各位開始進行某種治療後，症狀卻急劇惡化，而且狀況 3 天後還無法解除，就表示反應太超過了。

任何時候只要感覺太辛苦，就有可能是治療方案造成身體太大的負擔了。稍事休息讓身體調適，才不會失去優勢節節敗退。實際上，藉由必要的休息以及補充營養，各位也許還能再次迎戰。

休息、反思和重新評估在本書裡雖然沒有描述太多，不過其實也很重要。只有你自己知道什麼時候應該暫停，請相信自己。

不要衝過頭

各位如果因為受啟發而進行一連串改變，然後找回健康，那真的很棒。不過，幫我一個忙，請不要任意停藥。

在我執業生涯中的一個例子，一位病人亟欲找出自己的痛苦根源，她認為第一步就是停下所有藥物戒斷症狀然後一切崇尚自然，結果根本是場災難。

拜託、拜託、拜託各位千萬要抵擋停藥的誘惑！如果各位服

用的是類固醇或免疫抑制藥物，那就更不能停藥。最後可以透過治療病因進而減少劑量或停藥，如果病因是黴菌，治好之後就不再需要那麼多抑制性藥物了，但各位必須先恢復健康活力才能排除對藥物的需求。何時開始階段式停藥則有賴醫生的決定。

康復之路不是一條直線

我不記得已經跟病人說過多少次這句話了，我們當然希望康復是一條按部就班的過程，但事實上就不是這樣。每次我試著描述康復的真實情況時，最後總是會描述出一個錯縱複雜的凱爾特結還外加各種手勢。然後，有一天，我放棄了，直接拿了一張紙在上面畫畫。

準備好了嗎？今天大家出運了！我挖到一張康復之路手繪圖，是為了向病人講解而畫的；畫得並不好，但有表達到重點。

左邊的圖是我們所期待的康復之路：穩定、前進、向上進步和持續改善。右邊是真正的康復之路：整體前進和改善，但為了排出老舊廢物，所以會有很多迂迴繞圈圈的路。

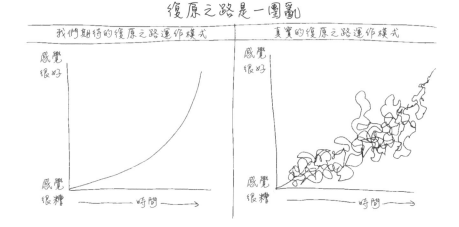

復原之路是一團亂

　　慢性疾病的復原之路跟急性疾病的康復之路不一樣。感冒時，最好的治療就是休息然後恢復健康：躺在床上、睡覺、補充水分、少量進食，然後身體出現的不舒服症狀就會穩定慢慢減少。各位要從像黴菌病這樣的慢性病中康復，最好的治療就是起身戰鬥：離開床、動一動身體、尋找乾淨的環境、吃特定食物，按照計畫行事，各位的身體就會迂迴漸進式地慢慢恢復健康。

　　我們的目標應該是讓不舒服的時間越來越短，舒服的時間越來越長，那麼不舒服的時候就會越來越「沒那麼不舒服」，而舒服的時候就會「越來越舒服」了。如果各位正處於這種狀態的話，請繼續照著計畫走，因為代表已經有成效了，不需要想太多。

康復之路一片混亂

　　人體的語言有時候會讓人很困惑，各位可能已經 100％踏上康復之路，但是最惱人的症狀卻沒有改善，或者突然之間出現破壞力強大的症狀，讓人覺得怎麼好像在做對的事卻還被懲罰。

　　人體有內部運作順序，會優先考慮最重要的身體系統，然後才是下一個次要的身體系統，以此類推。

　　隨堂小考時間！

　　人體如果受傷了，哪一個器官對人類基本生存更重要：是大腦還是皮膚？

　　如果各位的答案是大腦，代表各位是以人體的角度來思考，我以這兩個器官為例是有目的的。

　　罹患黴菌病很長一段時間，又有腦部相關症狀的患者，皮膚會長皮疹是很常見的；原本手像帕金森氏症患者一樣顫抖，也會在出現新皮疹之後就好轉了。這是因為身體將黴菌毒素從中樞神

經系統推到身體最外層——皮膚，就會導致長皮疹。這是各位的身體在表達感謝之意！是不是很奇怪呢？

如果各位操作正確的話，身體會利用新發現的燃料，把黴菌和黴菌毒素從深層系統推到表層系統，從重大器官推到能清除廢棄物的器官，從會造成最大傷害的器官推到傷害最小的器官。

如果眼睛變得清晰了（視力對生存很重要），卻出現足部真菌（疼痛但不影響基本生存），那表示你的道路正確無誤。

如果平衡感有所改善（大腦功能），但是曾經發作過的鼻涕倒流又回來了（過敏），那麼代表事情正朝著正確的方向發展。

隨著橘子皮一層層被剝掉，舊的症狀也會消失。症狀通常是透過刺激它出現才能消除，這樣不一定是不好。康復之路本來就是雜亂無章的，請多觀察身體的基本功能——精力、睡眠、消化和情緒，來判斷自己的狀態如何。如果身體基本功能都有在改善的話，那就請堅持下去。

容易實現的目標

如果各位得了黴菌病，很有可能早已疲憊不堪。本書的願景目標可能遠超過各位所能應付，更別說要徹底執行了。我了解，那就先找容易實現的目標吧。

光是做到離開病態環境這一點就能幫助恢復精力和清楚的思緒。那麼，進入下一階段——制定計畫。

打仗
一次打一場就好

對自己不要下手太重，要實際一點，沒有任何方式能做到完美無缺，請一次完成一件事，然後等一等，慢慢來。任何以健康為導向的運動都有幫助，就是不要放棄，**身體自然會好轉！**

2.1
避開

　　橘子的第一層，本節中的每一個建議，都是有必要的。在這一層裡面的建議都是基本要求，都是為了讓其他幾項方法運作順暢而先奠定基礎。

　　「避開」的各方面都是從黴菌病中重拾健康的必要條件。那些盲目又不願執行「避開項目」的人，治療的反應不是延誤、挫折，就是緩慢，還有些人就是不會好轉。

　　在開始進行任何改變之前，請先填寫「克莉絲塔黴菌自我檢測表」並記錄日期，這是各位的起點。剝掉這一層橘子皮之後，請再填寫一次檢測表，你絕對會很驚訝「避開」這個方法居然可以改善這麼多。

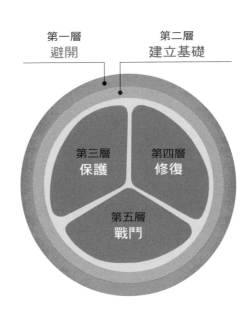

第一層
避開

第二層
建立基礎

第三層
保護

第四層
修復

第五層
戰鬥

避開

　　根據環境醫學講師暨排毒大師華特・克尼昂（Walter Crinnion）博士所說，避免暴露在室內毒素中的 3 條黃金守則如下：

1 避開

2 避開

3 避開

看出重點了嗎？

沒錯，避免暴露在黴菌之下很重要，包含下列三個步驟。

避開 ❶ 離開！

避開 ❷ 什麼都不要帶走

避開 ❸ 防止暴露

❶ 離開！

修繕工程所花的時間總是比預期的還長，離開病態的環境不知道何時才能再回來。為了避免影響心情，就預估長一點的時間吧。檢查自己的保險單理賠是否有涵蓋暫時搬遷，許多保單都有。

❷ 什麼都不要帶走

家中物品帶走越少越好，包含自己最愛的物品在內——例如最愛的絨毛娃娃、最愛的枕頭等等，因為這些物品上可能都會有黴菌孢子和黴菌毒素。

❸ 防止暴露

請修補、調整好各位的環境、飲食和習慣。黴菌病患者容易有被發霉空間、發霉食物和發霉嗜好所吸引的傾向。那是因為如果停止餵食體內的黴菌，黴菌就會開始死亡，流出內臟，然後讓各位生病，所以我們會餵養黴菌，拜託不要！

好，各位可能會很想知道，如果黴菌住在我的鼻竇裡，要怎麼避開呢？還記得一開始提到，「如果各位得了黴菌病，無論你走到哪裡，問題就會跟著你到哪裡——在鼻竇裡怎麼辦？」鼻竇黴菌是「避」不了的，一定要殺光它，但是在完成準備工作之前先不要有所動作。

別讓自己陷入溫水煮青蛙的困境

當我發現家裡有黴菌的時候，我有做什麼處置嗎？我是一位受過黴菌訓練的醫生，所以我當然是帶著家人閃了……對嗎？

沒有，我留下來了！然後全家都生病了。

各位相信嗎？就算我發現了黴菌問題，我們還是留在那個環境裡。我們還一直住在那裡是因為我低估了問題規模。正因如此，大家都生病了，我們就像溫水煮青蛙一樣慢慢被煮熟了！

所有我治療過的環境疾病患者裡面，黴菌病患者對問題就出在黴菌身上的說法最抗拒，他們也是最頑固、最不願意離開發霉環境的人，我自己就是最典型的例子。因此我進行了大量的反省檢討，我低估了黴菌的問題，所以沒有帶著自己和家人離開房子。那我是如何成為黴菌病患者的一員，而又不願離開已經出問題的家呢？

我之前有提過，當各位離開病態環境時，鼻竇和消化道中的黴菌一失去群落，便會開始死亡，就像我之前所說，黴菌會戰到至死方休。黴菌死亡時，黴菌毒素便會以更快的速度散落在人體內，流出的黴菌毒素越多，我們就越不舒服。這些通常都不是什麼明顯的症狀，比較多像是腦霧、疲勞、注意力不集中、煩躁，或者渴求甜食。

這就是為什麼黴菌病人似乎都離不開當下的環境，以及他們為什麼會吸引更多黴菌，這是因為黴菌就像電影「星際大戰」裡的絕地武士一樣擁有絕地控心術，能控制我們去吃東西。征服黴菌的第一步就是避開會促進黴菌生長的環境、食物、飲料和習慣。

簡言之，以下是「必須避開」的項目⋯

1 發霉的棲息地

2 不好的空氣品質

3 要避開的食物

4 要避開的飲料

5 要避開的營養補充品 & 藥物注意事項

6 與黴菌有關的嗜好與習慣

1 發霉的棲息地

千萬要多存疑。假如某個地方聞起來有霉味的話，趕快跑。甚至就算沒有怪味，但是這個地方會讓黴菌病症狀復發的話，也要快點離開。記住，黴菌的孢子和毒氣都會讓人生病，而且最毒、最危險的氣體是沒有氣味的，如果各位聞到腐臭、發霉的味道，那裡肯定有黴菌。

離開病態環境很重要，但是修建那個空間才是關鍵，這稱作整修。整修的意思是糾正濕氣來源，去除病態建材。我在第 3 部分—「建築物」中會談到更多有關整修的內容。

2 不好的空氣品質

找尋新鮮空氣。室內的空氣品質通常比戶外的空氣品質差，因此，我很喜歡有一台適宜的空氣清淨機。不過，不是所有空氣

清淨機都相同，我把我最愛的清單放在參考資料中。只要涉及從黴菌病中恢復健康，就需要一台可以捕捉孢子，又能清除黴菌毒素的空氣清淨機。

還記得 1.1 節——「黴菌存在的意義」中的肺部圖嗎？它顯示黴菌毒素非常微小到可以穿過肺部進入體內。所以我們需要一台可以過濾 0.1 微米黴菌毒素程度的室內空氣清淨機。

避免使用任何會釋放臭氧的空氣清淨機，臭氧會傷害呼吸道，釋放負離子的空氣殺菌機可以。

這裡我為對化學好奇的讀者解釋一下，我們呼吸的氧氣由兩個快樂結合的氧分子所組成，而臭氧（Ozone，O_3）是由三個氧分子所組成——三個和尚沒水喝的窘境。多出來的氧分子會想要為自己找個伴，一旦出現相容性，它就會把其他的分子擠走，破壞其他化學鍵的平衡。這種「氧化」會導致組織被破壞。如果吸入肺部，就會傷害肺部組織。

負氧離子（Ionized oxygen）就不同了。負氧離子讓瀑布、海濱以及晾在戶外的床單味道變清新。負氧離子是一般正常的氧氣（兩個分子），外加一點能量。負氧離子經過電離（或通電）對肺部是安全的，又非常好。負氧離子本身額外的能量會移到我們的身體，而且很容易進入更深層的組織——那些黴菌毒素可以到的地方。如果各位無法住在靠海或其他有天然負氧離子的地方，空氣殺菌機是很好的替代品。

但一台好的清淨機不能當作整修房子的替代品。一平方英吋大小的黴菌含有將近 100 萬個孢子，每 100 萬個孢子會產生 5 億個碎片，黴菌毒素接著會從 5 億 1 百萬個孢子和碎片中釋放出來。相當於把大量充滿有毒氣體的氣球，每天釋放到室內空氣中。

沒有任何空氣清淨機、打開的窗戶或風扇可以處理這種等級的黴菌毒素，那麼多的毒氣炸彈遠超過空氣清淨機所能處理。建議各位還是要整修房子，空氣清淨機只是一個保護各位避免整修時被交叉污染的工具。

空氣過濾
不能取代整修

STORY │ 正壓呼吸器造成的失智症

一名 70 多歲高齡患者的成年子女們，因為他們的媽媽開始出現老年失智症的症狀，感到很擔心所以來找我。一個完全獨立、積極能幹的人，顯然已經開始忘東忘西，比如整個晚上忘記關車庫門，這讓子女擔心她的安全上會出問題。

她似乎越來越迷惑，也出現了平衡的問題。她 76 歲的丈夫除了抱怨因為有睡眠呼吸中止症，睡前要用正壓呼吸器（C-PAP）之外，其他都很好。她也因為有不寧腿症候群（Restless legs syndrome），需要用正壓呼吸器治療失眠。

在排除其他潛在原因，並且進行了家訪之後，我越來越擔心是黴菌問題。他們住在一間歷史悠久的房子裡，他們也說塵土飛揚讓他們感到不舒服。我們在臥室加了一台品質良好的空氣清淨機，丈夫的失眠改善了，妻子的症狀卻惡化了。

她描述夜晚會出現高度焦慮，會擔心又會煩惱，心中好像沒辦法放下瑣碎的事情，她也經常記不得自己身在何處。她描述白天在房子另一個區域睡午覺時，都可以睡得像嬰兒一樣熟——那裡距離她的呼吸器太遠無法使用。我便開始懷疑她的呼吸器可能有問題。經過檢驗之後，黴菌檢驗員在她的呼吸器中發現了大量的黃麴黴菌，而丈夫的呼吸器上則沒有發現任何東西。

當我問到呼吸器的保養時，她承認自己經常保養先生的機器，但卻經常忽略自己的機器沒清理，因為她只有不寧腿的問題，不像先生是呼吸中止症那麼嚴重。機器經過適當清潔、更換管子之後，她的失智症狀慢慢就消失了。

3 要避開的食物

如果各位到現在為止都還很振作，那很好。現在我要踏入各位神聖不可侵犯的區域——大家最愛的食物跟飲料。

放心，這些食物飲料只要在治療黴菌期間避開就行了。各位在離開病態環境，體內有毒黴菌的影響都清除之後，就可以恢復飲食。可詳閱第 2.5 節—「戰鬥」裡面恢復飲食的部分。

避開

食物 第一層

所有種類的甜食	泡菜和醃製食品
果乾	醋
發酵麵包	醬油
酵母	哈密瓜
單一碳水化合物	葡萄
烘焙食品	熟成起司
蘑菇	發霉起司（例如藍紋起司等）
玉米	花生
馬鈴薯	花生醬

要避開的第一層食物適用於大多數離開病態環境的人。他們的症狀已經減輕，且在與黴菌的戰鬥中已經取得優勢，但是有些人還需要避開更多。

在實施更進一步的限制飲食後，他們會感覺舒服多了，確認的唯一方法就是透過反覆試驗。

避開
食物 第二層
_____

所有水果
澱粉類蔬菜
所有穀物
發酵食品
帶殼堅果
用醋或糖做成的調味品
酸奶或其他酸奶製品

如果在避開第一層和第二層兩層食物之後感覺更舒服，那各位的腸道可能也有念珠菌過度生長的問題。念珠菌（Candida）是消化道中常見的一種酵母菌，就像鼻竇殖民地一樣，原本和平共處的酵母菌會在暴露於水害建築之後開始變得不乖。

酵母菌（Yeasts）和黴菌屬於真菌家族，我認為念珠菌過度生長跟腸道真菌超過負荷是一樣的，酵母菌所產生的毒素跟水害建築中的黴菌毒素類似。通常，能餵養酵母菌的食物也能餵養黴菌菌叢。

網路上有太多的抗念珠菌飲食法，各位可能會注意到那些飲食跟我的清單看起來很像，但是又不一樣，有些食物沒有在我的清單裡，因為我是有目的性地只在我的禁忌清單中列出黴菌和酵母特別喜歡的食物；換句話說，這些食物若非含有黴菌和黴菌毒素，就是會促進真菌過度生長，其他的清單則通常會延伸到包含一般健康的飲食建議。雖然全面執行很值得讚賞，但黴菌病患者已經病到快招架不住了，所以我打算只針對黴菌。

4 要避開的飲料

本節可能會讓許多讀者崩潰，先跟各位說聲抱歉，請記得，這只是暫時的。

避開
飲料

任何含糖飲料
果汁
烏龍茶和紅茶（部分發酵茶）
發霉的咖啡（請檢查品牌公司是否有獨立檢驗）
含酒精的飲料
發酵飲料，如蘋果酒、康普茶（紅茶菌）

經常有人要求我解釋為何把康普茶（Kombucha）放在避開清單上，康普茶是透過平衡腸道細菌來促進健康，所以從報告上來看似乎很完美。可惜的是，康普茶也會餵養黴菌。每天喝的康普茶一直是許多患者好轉的障礙，我曾經看過一杯康普茶就能讓黴菌病患者出現腹脹、痙攣、疲勞及大腦癱瘓。

避開食物飲料的小祕訣——當有社交活動時先提前計劃。準備替代品、事先告知主人，然後遇到有人想強迫各位吃會讓你不舒服的東西時，可以用簡單說詞，像是「不了，謝謝」，或者「吃了會讓我不舒服」，或者「對不起，我過敏」，或者「某個寫黴菌書的瘋女人不准我吃這個」之類的話直接拒絕。不要複雜化，說完就放下話題不再提起。很抱歉要如此誠實，僅管沒有人會想在社交場合上聽各位故事的來龍去脈，但是各位還是要保護自己，事先想好適合自己說的話，需要的時候拿出來用，說完就好且無須再提。

5 要避開的營養補充品 & 藥物注意事項

某些營養補充品可能會讓黴菌病患者感覺惡化。

要避開的營養補充品類型有… 原本就含有真菌的
用黴菌當原料的
含有黴菌毒素的

新式營養補充品生產技術會使用黴菌，通常是黃麴菌（Aspergillus），是從植物體中提取的活性成分。理論上，黃麴菌會讓營養物質生物活性化，對身體更有益處。問題是黴菌病患者連黴菌 3 公尺範圍內的東西都受不了了，更何況是有黴菌長在上面的東西呢？

如果各位使用的營養補充品是利用真菌萃取、加工或活化的話，那可能就會無法忍受。維生素 B 群當中就有許多是屬於這一類。如果各位對黴菌不會過敏，那就不是問題。在各位離開環境並接受黴菌病治療之後，也不會是問題。但是，當各位出現症狀時，我會建議避免服用以黃麴菌、真菌、酵母或黴菌加工或發酵出來的營養補充品。

藥用菇菌（Medicinal mushrooms） 可以用來修復黴菌造成的免疫力耗盡，理論上非常適合治療黴菌病。但不幸，當各位的黴菌病正活躍時，藥用菇菌可能會促進真菌過度生長而破壞平衡，使病情惡化。一旦離開病態環境並且進行治療時，藥用菇菌就會是重新平衡免疫系統的絕佳工具。

布拉德酵母菌（Saccharomyces boulardii）也是如此。這種酵母菌通常會搭配益生菌一起對抗念珠菌過度生長，布氏酵母菌是一種安全的酵母，能將念珠菌從腸道中推出去，卻不會移居到腸

道裡面。一旦完成任務，就會隨著糞便排出體外。這是另一個理論上完美，但在實踐中卻導致我的黴菌病患者復發的真實例子。雖然我許多同事都不同意我的話，但這確實是我自己的經驗。

避開

營養補充品 真菌超過負荷

布拉德酵母菌
營養酵母
藥用菇菌

避開

營養補充品 跟酵母菌／黴菌一起生長

黃麴菌催化品牌
部分維生素 B 群品牌

避開

營養補充品 可能含有黴菌毒素

紅色酵母米（僅限使用有獨立檢驗的公司產品）
蜂膠

要確認各位服用的營養補充品並未遭受黴菌毒素污染，大多數信譽良好的營養補充品公司會定期測試及控制黴菌毒素污染。

注意

藥物 兩大類

抗生素：許多類抗生素都是真菌毒素，它們是根據黴菌毒素的抗菌作用做出來的。只有在必要時才使用這類型抗生素。如果非用抗生素不可，請先嘗試別種抗生素。
強效抗真菌藥草和藥物：身體若沒有預作準備的話，請務必小心使用。

6 與黴菌有關的嗜好與習慣

黴菌病患者容易被會促進黴菌生長的活動和空間所吸引——歷史修復師、釀酒師、麵包師、起司鑑賞家、稀有書收藏家、舊貨店員工、囤貨者等等。我相信這是黴菌讓自己生存的詭計，我的意思不是每個釀酒師都有黴菌病，而是如果各位正在因為黴菌而生病的話，請多注意觀察自己生活中的感受。

請回顧一下自己的習慣或嗜好，真的是因為熱情嗎？還是因為你已經被控制住，根本無法自拔了呢？

相信自己

如果在特定空間出現症狀反應時，請多聽身體的話。在吃下某種食物後全身酸軟時，傾聽身體的話。傾聽身體的話很少會出錯。

我們的症狀反應會給自己和周圍的人帶來麻煩，所以我們會想忽略這些反應，當不能不理的時候，就會很想趕快吃點藥。當我們不理會這些身體訊息時，周圍的人就會很高興，因此我們的反應有可能會為了因應他人的生活而被迫改變。比如「礦井金絲雀」的人總是率先出現反應，所以經常會被其他人懷疑或排擠，因為大家都不想改變。沒有人喜歡改變，改變是很不舒服的，但是生病也是。

我們的房子第一次整修工程完成之後，我覺得很有成就感。我在家裡所有人病情惡化之前，克服了這個問題。隨著我逐漸好轉，身體越來越強壯，我就能辨識出房子的某個區域帶給我的感受。很可惜，我的廚房依舊是個問題地帶，我覺得腦霧、疲憊，然後我的肺也開始出現灼熱感。

　　因為我相信我的身體，所以我安排了一個全面、複雜又麻煩的工程，拆掉地板磁磚和所有長黴的櫥櫃。然後我要了所有建材的樣品，包括水泥板。雖然整修人員跟我說沒有必要，因為磁磚下面的水泥板是不會長黴的，但我就是對水泥板有反應。磁磚拆除之後，整修人員也很友善同意了我的要求，給了我一大塊水泥板做試驗。不用說，測試結果回來顯示，感染了兩種不同類型的黴菌，整修人員大吃一驚，因為這個結果跟他們過去的認知不一樣。他們對這種新知識很感興趣，我的「金絲雀」敏感性試驗也得到了科學驗證。我非常感激我所受的訓練，讓我也學會了要相信自己的身體。

　　相信自己。如果有什麼東西讓各位覺得不舒服，那就避開。

2.2
建立基礎

　　就像 2.1「避開」那一層一樣，我也推薦「建立基礎」中的所有方法，這一層幾乎是所有健康問題的起點，但對黴菌病患者也特別有幫助。

　　黴菌會以一種根本方式打亂身體的基本系統和節奏，本節會幫助各位重新調整回來。一旦開始實行，就要讓基礎內化成生活方式與第二天性，而不是一件苦差事。可以設定目標每週增加一個項目。

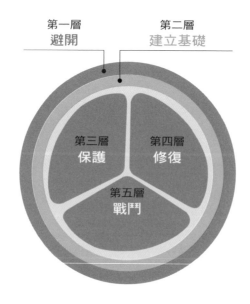

基礎的各個面向…1 晝夜節律
　　　　　　　　2 排泄器官
　　　　　　　　3 健康操

1 晝夜節律

　　晝夜節律，也就是生理時鐘，代表日常的身體節奏，就像一個內在的時鐘，主宰身體許多自發性的系統；在無意識下，直接在幕後發生；不必思考或指示，無論如何都會發生，例如消化食物、流淚滋潤眼睛、心臟加壓輸送血液、傷口復原、昏昏欲睡等。這類的身體活動都是由自然規律和季節所驅動的。

　　很可惜，若距離自然越遙遠，身體系統就會越混亂，最主要的例子就是睡眠。正常來說，當太陽下山，光線褪去，身體理應感覺想睡，但是人工照明推翻了這種自然規律，反而容易導致睡眠問題。而黴菌會改變內在的晝夜節律，讓問題更趨嚴重。

　　生理節奏方面的研究，被稱作時間生物學。研究顯示身體的每一個系統若能在日或夜中最佳的時間點運作，就能發揮最佳的性能。不同點在於，若要選擇把一塊巨石推上山還是推下山，推下山聽起來容易多了，不是嗎？

　　戴瑞區 · 克林哈特（Dietrich Klinghardt）博士成功治療了「無法治癒」的慢性病。他開發了一種有效的測試治療方法，稱作自主反應測試（ART）。他教導大家最重要的是，健康的身體有賴於運作良好的自主神經系統。否則，其他補充或治療計畫都會失去作用。

　　根據我的經驗，患者的生活越符合自然週期，就越快好轉。

以下是我的基本建議……

- 每天在同一時間起床。

- 每天在同一時間睡覺。

- 依季節的晝夜變化調整睡覺和起床的時間,盡可能讓自然光控制起床和睡覺的時間。

- 每天在同一時間吃飯,目標是盡量在一天之中早餐吃得最多,然後隨著時間越晚則吃得越少。

- 每天在同一時間運動——而且一天之中越早運動越好。

- 不飽腹睡覺,肚子裡面要留點空間。

- 每天早上讓自己上廁所,規律上大號。請排入行程表中,且至少要 10 分鐘。

回歸自然,恢復健康。

2 排泄器官

這個詞彙描述了一個非常重要的整體健康概念。排泄器官是身體代謝廢棄物的機制,少了排泄器官,我們就會在自己的排泄物裡面漂浮——太噁心了!

排泄器官涉及各種難以啟齒的身體功能:排尿、排便、出汗、呼氣、黏液、射精和經期。對,都是我們不太喜歡公開討論的東西。但是,對於維持我們乾淨、健康、零廢棄物的身體都是不可或缺的器官。

功能完善的排泄器官是從黴菌病中康復的主要條件

黴菌的黴菌毒素滲透進入體內,最終到了淋巴系統。淋巴系統就像人體的下水道系統,細胞將廢棄物傾倒到淋巴或下水道。下水道會在我們運動及出汗時清乾淨,廢棄物會集中在淋巴結,

被集中的身體廢棄物會被送到特定器官，然後這些器官會將廢棄物打包在糞便裡，就像我們把垃圾包起來，把垃圾拿出去讓垃圾車帶走一樣。

這個機制通常只要運作良好就能清理人體的廢棄物，但黴菌毒素製造了太多毒素，讓下水道不堪負荷，對我們的清潔系統造成了不良影響。所有毒素都必須排乾淨，否則就會像下水道滿出來，流回到人體細胞裡面一樣，身體必須把毒素清出來，否則就會中毒。

想要從黴菌病復元，各種排泄器官的功能必須運作良好。

3 健康操

下列包含所有基本的進出細節：

Ⓐ 讓空氣進來

Ⓑ 讓空氣出去

Ⓒ 讓空氣在體內流動

Ⓓ 讓水分進來

Ⓔ 讓水分出去

Ⓕ 讓水分在體內流動

Ⓖ 讓食物進來

Ⓗ 讓食物出去

Ⓘ 讓食物到處流動

各位可能會覺得這有點像在做「Hokey Pokey」的帶動唱健康操一樣。只要各位的身體能好轉，那才是本書的重點！

Ⓐ 讓空氣進來

要擊敗黴菌，各位當然必須滋養這個身體的核心需求。我的基本理由如下：

人體可以⋯ 30 天不吃東西還能活
3 天不喝水還能活
3 分鐘沒氧氣還能活

那各位認為要從黴菌病中康復最重要的是什麼呢？**氧氣！**

然後呢？**水！**

這樣各位就懂了。

那氧氣從哪裡來呢？**空氣！**

我的論點是，如果人體連充分的氧氣和水分都沒有，就不用費盡心去思考該吃哪些食物或營養補充品了。

本節的標題是空氣進來。簡單來說就是——呼吸。

我很驚訝在我的醫療執業生涯中，常常要提醒人們呼吸。各位現在有在呼吸嗎？是真的在呼吸嗎？緩慢深沉又放鬆嗎？請花點時間觀察一下自己，很可能沒有。事實上，科學統計數據指出，呼吸不足是一種流行病。一般來說，已開發國家的多數人都不懂該怎麼呼吸，其中黴菌病患者是最糟糕的。

如果我們持續暴露在水害建築中，聰明的身體會因為難受而默默進行我們無法察覺的適應調節，肺部會調整呼吸頻率和深度，藉由限制吸入的空氣量，來限制吸入的黴菌毒素量。身體會減緩呼吸速度及讓呼吸變淺，保護人體更進一步暴露在黴菌中。黴菌病患者只要多吸氣讓肺部充滿空氣，但如果是患有哮喘的人，就連吐氣也會出問題。

所以，請呼吸吧。反正又不費力氣，坊間有一些很棒的 App 應用程式，就是設計來提醒我們呼吸的，建議可以善加利用。

Ⓑ 讓空氣出去

要深吸一口空氣前，得先把肺部的空間清空，那就必須把氣吐光，我發現有很多人會屏住呼吸。瑜伽讓我學習到如何吐氣，許多瑜伽呼吸法比起吸氣，會花更多的時間在吐氣上。這跟各位有多興奮有關，一次拉長、緩慢、有目的性的吐氣能讓身體更放鬆、思緒更清晰，也更能重新設定身體各部位的晝夜節律。

空氣出去的另一方面是從戶外取得空氣。我曾經說過美國境內大多數地區的室內空氣品質比戶外的差。戶外空氣不但乾淨許多，還超級有電。戶外空氣含有負離子，意思是比室內空氣的含氧量更高。請每天找時間到戶外走走吧。

在戶外等於暴露在陽光下。太陽能提供兩種防黴措施，紫外線和維生素 D。太陽紫外線就等於是黴菌的剋星，有毒的室內黴菌無法在紫外線下生存，就如同吸血鬼在陽光下會消失一樣，陽光是一種抗黴資源，而且是免費的。

陽光也會提升人體的維生素 D。維生素 D 對免疫系統來說很重要，免疫系統就是我們對抗黴菌的軍隊。維生素 D 可以提高免疫系統辨識黴菌問題的能力。因為這實在太重要了，所以要說三遍，每天、每天、每天都要到戶外走走，再說一次，每天都要。

洗森林浴：日本人率先研究有關走出戶外的重要性，創造了「森林浴」這個詞。他們發現，人們花費時間到戶外與樹木為伍時，身體免疫軍隊的某個分支會得到提升。森林愛好者做的事很有意義！

只要花半小時或更多時間到戶外欣賞樹木，免疫系統功能就會提升到正常的兩倍以上。不僅免疫鬥士的數量增加，殺敵的能力也變得更好。跟樹木為伍讓我們的免疫系統更加隱形。

受樹木刺激的免疫軍隊分支稱作殺手（NK）細胞。NK 細胞的專長是某些特定的免疫系統任務，像是對抗癌症，還有——各位猜到了——殺死黴菌。黴菌肯定了解這一點，因為黴菌不僅會減少殺手細胞的總數，而且還降低了每個細胞的功能。換句話說，黴菌會讓士兵忘記受過的訓練。

各位要檢查這個免疫系統分支是否受黴菌影響，可以請醫生安排兩項檢驗：殺手細胞總數和殺手細胞功能（在第 1.4 節「診斷和檢驗」中討論過）。如果這兩項數據結果都很低，每天到戶外接近樹木是非常重要的，這能讓各位好轉。

ⓒ 讓空氣在體內流動

英文帶動唱「Hokey Pokey」裡面有句歌詞是「使勁動一動（move it all about）」，我猜原本是為了讓體力充沛的孩子們精疲力竭。但在黴菌的健康操中，運動的必要性是為了產生能量，而不是把能量用光。

運動很重要的原因有兩個：讓氧氣進來，讓廢物出去。呼吸是一回事，不過必須先讓好空氣移動到身體各處，然後才能使用。大家有過這個經驗嗎？露營時營火怎麼點都點不著，那大家知道怎麼樣才能點燃營火嗎？多搧一點風。

把運動當作是在幫新陳代謝搧風點火就對了。新陳代謝就是讓身體火焰點燃的能量，很需要氧氣。這種能量或火焰，會燒死黴菌毒素——但並非全部。

接著我們必須靠運動將燒焦的毒素排出體外，運動會把黴菌毒素輸送到排泄器官那裡。

各位有注意到我是說「運動」而非「健身」嗎？我是故意這麼說的。健身聽起來很可怕，好像總是需要具備一定的專業知識、一名師資、一個會員、特定穿著，呼……光用想的我就累了。

「運動」就是那個意思——動一動。怎麼動不重要，有動就好。運動可以是打高爾夫球、園藝、掃地、割草、鏟土、打磨、清潔、跳舞、拳擊、擊劍、散步、在迷你蹦床上彈跳、走樓梯、騎自行車、划船、上坡，以及任何可以讓各位動，或許還能讓各位流流汗，把身體的淋巴下水道沖洗乾淨。

如果各位病得太嚴重沒辦法做太激烈的運動，也可以去洗個熱水澡、包在毯子裏、去蒸氣房，或者去按摩，然後沖冷水浴。暖身後的冷水浴會促進血液流動，讓血液全身流動幾乎就跟讓全身動一動一樣強大。請多呼吸新鮮的好空氣，然後動一動吧。

▶ 讓水分進來

有一句話我希望各位記住——這是環境醫學專家華特 · 克尼昂（Walter Crinnion）博士和林 · 派屈克（Lyn Patrick）博士灌輸給我的觀念：**污染的解決方法就是稀釋。**

要怎麼把身上黏黏的東西沖掉呢？泡到乾淨的水中，在裡面刷洗，洗乾淨的同時就沖淡了污染物。

因此要補水、補水、補水。如果不沖淡黴菌毒素，黴菌毒素就永遠揮之不去讓人生病。

我推薦山泉水——不是逆滲透水、不是鹼性水、不是蒸餾水、不是純水——只能是山泉水。山泉水富含大自然存在的元素，

能幫助組織鎖住水分,而且山泉水在體內走的是長路徑,其他的水走的是短路徑,尤其是對黴菌來說。

如果暴露在黴菌之下,尿尿的速度會幾乎跟喝水一樣快,因為體內腎臟循環水分的方式受到黴菌干擾,因此需要山泉水來逆轉這種影響。

我們每天要喝體重一半的山泉水,以盎司計算。如果一個人的體重是 128 磅(約 58 公斤),那每天必須喝 64 盎司(約 1.9 公升 / 半加侖)的山泉水,如果體重更重,就要喝更多。

> 我的體重以磅計算=_____
> (1 公斤=約 2.2 磅)
> 我的體重的一半=_____
>
> **=** 每天需要_____盎司的水
> (1 盎司 =0.03 公升)

Ⓔ 讓水分出去

水出去的意思跟各位理解的意思完全一樣——去小便。暴露於水害建築之後,人體會透過排尿來代謝出黴菌毒素,如果各位憋著不去上廁所,膀胱壁就會暴露在這些毒素之中。膀胱不喜歡這樣,因為膀胱會受傷,會變得急躁。如果各位憋尿,就算毒素在之後排掉了,傷害也已經造成,受傷的膀胱會從那時起一次又一次地反覆提醒各位去小便,如果各位還是不去小便,容易導致膀胱過動。

黴菌還會降低腎臟留住體內水分的能力。人體會製造抗利尿激素(anti-diuretic hormone),會告訴腎臟保留血液系統中的水分以維持血壓。但若暴露在黴菌環境的話,腎臟對抗利尿激素的要求就會不理不睬,導致頻尿和口渴。有黴菌病的人普遍都有頻

尿和膀胱過動症候群，盡量不要抵抗想上廁所的衝動，經過治療後症狀就會穩定下來。

🅕 讓水分在體內流動

流汗是讓水到處流動的一個有效方法。雖然有礙社交，但是流汗是征服黴菌非常重要的一部分。別忘了，黴菌毒素要進入體內最快的方法就是透過皮膚，規律地大量出汗能去除任何想要從人體皮膚表面進入的東西。

還有舒服美好的桑拿浴。桑拿療法能將在貯存狀態下的黴菌毒素排出。

但是桑拿浴不應該在療程初期就開始使用。

除非各位的基礎建立都已經各就各位，否則我不建議使用桑拿浴療法。在完成一部分保護措施（詳見「保護」章節），而且症狀也都減輕了之後，才能在駱駝背上壓上另一根稻草。

溫馨提醒——補充水分！

🅖 讓對的食物進來

在上一節的「避開」清單中提到那麼多不可以吃的食物，我好像也應該提一下可以吃的食物。其實有很多食物可以保護我們免受黴菌和黴菌毒素的侵害，一部分食物可以保護人體的組織，一部分則可以對抗黴菌。下面我將為各位列出清單，不過這裡要請大家先記得一般整體健康的應攝取食物法則：

- 彩虹顏色
- 蔬菜優先
- 餵養消化道
- 選擇好脂肪
- 吃辛香料

　　彩虹顏色：蔬菜水果中五彩繽紛的天然色素被稱作生物類黃酮。生物類黃酮能保護全身不被黴菌毒素的傷害所影響，目標是每天都要吃到每一種彩虹顏色的蔬果。

　　蔬菜優先：我寧可各位多吃很多蔬菜，也不要吃太多水果，因為水果比蔬菜的含糖量高，罹患黴菌病的人吃了太多水果之後，可能會出現真菌過度生長的問題，而蔬菜含有豐富多彩的生物類黃酮以及較少的糖。另外，如果各位需要吃點甜的東西，要從糖果或水果之間挑選的話，請選擇水果。

　　蔬菜含有纖維。纖維是包裹黴菌毒素的必要原料，同時也可以維持腸道的菌叢健康。

　　餵養消化道：黴菌病患者有某部分內臟需要特殊飲食照顧，比如：肝臟、腎臟跟腸道。用特殊的護肝食物，如甜菜、大蒜、洋蔥、雞蛋和牛肝（只限有機！）來疼惜各位的肝臟吧。多數疼愛肝臟的食物也會疼愛腎臟。腸道的部分，則可以選擇滋養消化系統內壁的食物，比如甘藍菜、優格和奶油。

　　選擇好脂肪：好的脂肪可以滋養骨髓和免疫系統、大腦和神經系統、器官和腺體。好脂肪指的是必需脂肪酸（EFA），各位可能聽說過一種稱作 omega-3 的脂肪酸，其實還有其他稱作 DHA、EPA 和 CoQ10 的脂肪酸，都會在下一章裡面討論。EFA 可以在橄欖油、酪梨、新鮮種籽、堅果及魚類等食物中找到。

　　吃辛香料：大蒜、洋蔥和辛香料等有臭味的食物具備抗真菌特性，能殺死酵母菌和黴菌。才華洋溢的植物醫學講師吉莉安・史丹伯瑞（Jillian Stansbury）博士，教導我們要盡情使用辛香料。我在這裡也列出幾種能有效對抗黴菌和黴菌毒素的辛香料，其中一種辛香料混合物要特別拿出來討論，那就是咖哩。咖哩通常是

以一種稱作薑黃的草藥為基底，薑黃是一種大腦、肝臟和腎臟的保護劑，用來對抗黴菌毒素特別強大。

吃！
保護的食品

五顏六色的蔬菜（蔬菜要吃得比水果多）
- 甜菜、朝鮮薊、蘆筍、蘿蔔（幫助肝臟）
- 花椰菜、抱子甘藍（利用蘿蔔硫素排毒）
- 番茄（用番茄紅素中和真菌毒素）
- 高麗菜（幫助腸道）
- 芹菜、黃瓜（幫助腎臟平衡水分）
- 帶苦味的綠色食物，如芝麻菜、球花甘藍、萵苣、西洋菜、羽衣甘藍、蒲公英葉（黴菌毒素排毒）

五顏六色的水果（蔬菜要吃得比水果更多）

牛肝（僅限有機）

必需脂肪：
- 酪梨
- 橄欖
- 橄欖油
- 新鮮種子和堅果（冷藏保存）
- 蛋
- 魚

優格（重新平衡菌叢）

天然奶油（修復腸道內壁）

癒合香料：
- 咖哩（薑黃）
- 香菜

吃！
對抗黴菌的食品

大蒜

洋蔥

青蔥

細香蔥

韭菜

吃！
對抗黴菌的香料

丁香

孜然

迷迭香

鼠尾草

百里香

牛至

羅勒

月桂葉

吃！
帶苦味的飲料和點心

綠茶（保護性多酚）

咖啡

黑巧克力（不含糖）

綠茶中含有大量多酚，是一種生物類黃酮，與色彩繽紛的蔬菜同屬。多酚能提供特殊保護，讓人體不被黴菌和黴菌毒素的傷害所影響。

⒣ 讓食物出去

　　進入的東西一定要出來，理想值是 12-18 小時之後。太快出來的話，人體可能無法從食物中獲得所有營養。太慢出來的話，人體可能會浸泡在黴菌毒素之中。暴露於黴菌毒素的時間若拉長會傷害腸道內壁。而且，黴菌毒素待的時間越久，被重新吸收回到體內循環的機會就越大。

　　如果各位曾經找過自然療法醫生看診的話，我敢說肯定花了很多的時間在討論糞便；例如多久上一次、什麼顏色、什麼形狀、沉下去的還是浮起來的之類。講到糞便，細節就很重要。我們可以從肛門排出的糞便看出一個人的整體健康狀況。

　　患者經常跟我說他們都有「正常」排便，但他們是每隔一天才上一次，那太慢了，照這種速度，毒素肯定被重新吸收了。因此，各位所謂的「正常」可能其實並不健康。

　　講到黴菌，我希望大家每天可以上 2 到 3 次大號。可以從補充水分、運動和補充纖維來達到這個目的，而不要經常借助黑咖啡排便。如果這樣還無法正常排便，就多食用帶苦味的食物（詳見下一章「保護」章節中的膽汁推動劑）。

　　目標是正常排便！

⒤ 讓食物到處流動

　　黴菌對內臟殺傷力很強。從口腔向下進入，黴菌會讓消化道內壁變薄，引起刺激躁動，讓人體免疫監視系統（immune surveillance）疲憊不堪，然後接管菌叢。腸道菌叢，被稱作是人體微生物群系（human microbiome），決定人體的健康狀況。

　　罹患黴菌病之後，人體的微生物群系不會化身成好菌宿主來促進健康，而是變成一個被壞蛋殖民的貯存池，讓身體「不自在（dis-ease）」。那層頑固的生物膜就像電影「瘋狂麥斯憤怒道」裡面演的一樣——每一種微生物都為了讓自己爬上頂端而競爭。

　　益生菌可用來重建健康的微生物組系。我把益生菌稱作「被迫都更的中產階級」，只補充精選的菌群住進腸道裡。有時候要對付類似「瘋狂麥斯憤怒道」這樣的殖民地，就是要注入額外的好菌，益生菌能恢復菌叢的品質，使腸道規律，壞蛋也會死亡跟著糞便排出。

　　不過有時候添加過多好菌也只是添亂而已，如果事情進展得不順利，身體可能就會忘記如何運作，結果蠕動（讓食物透過腸道的運動）變成麻痺停頓。這種疾病稱作小腸菌叢過度增生（SIBO），在黴菌病患者身上常常看到。

　　小腸菌叢過度增生的成因很多，我希望各位知道這個疾病，是因為這在黴菌病人身上很常見。如果益生菌會讓你腹脹、產氣和不舒服，有可能就是小腸菌叢過度增生所致。如果是的話，就需要特殊的益生菌和治療。我的首選專家是愛麗森・西貝克（Allison Siebecker）博士和史蒂芬・山伯格路易斯（Steven Sandberg-Lewis）。可閱讀西貝克博士即將出版的《The SIBO Book》一書，也可以參考出處來源中她的課程訊息。

注定成為金絲雀

　　黴菌病是一種「金絲雀疾病（canary illness）」。金絲雀疾病是由環境傷害所造成，會影響每一個人。不過有一些人即使暴露在很小的劑量下，反應症狀卻會比其他人嚴重得多。這些容易受

到影響的人就像是礦坑的金絲雀，被安置在煤礦中，一旦出現危險毒素時，就可以警告他人。金絲雀體質的人天生就跟別人不一樣，這是遺傳的；基因讓他們特別不擅長排毒，因此毒素累積後便引發反應。

　　如果各位發現自己對黴菌的反應比別人更早，或者更激烈的話，很有可能天生就是偵測黴菌的金絲雀體質。

　　有些事雖然超過本書範圍，但各位可能還是得做。有關這方面的資訊，我的推薦首選是班傑明・林區（Benjamin Lynch）博士的著作《骯髒基因（Dirty Genes）》。

2.3
保護

還記得橘子的圖片嗎？它表達了要完全剝掉最外面兩層皮，才能進到果肉的部分。保護就是果肉的其中一部分。黴菌會傷害身體各個系統，某些系統需要加強保護，才不會受到黴菌和黴菌毒素的危害。這些區域是：

- 腦和神經系統
- 免疫系統
- 呼吸系統
- 消化系統

- 肝臟和腎臟
- 皮膚
- 膀胱
- 眼睛

關於「保護」這一章，我想提供大家一份清單，然後從中挑選需要的項目來做就好，不需要完成所有事項。我希望大家可以有一個充足的工具箱，我的建議是針對出現症狀，且從影響最大的地方著手。

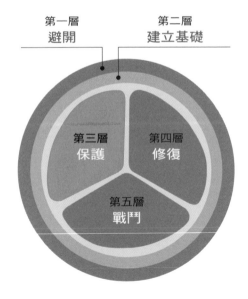

第一層
避開

第二層
建立基礎

第三層
保護

第四層
修復

第五層
戰鬥

有保護作用的工具… **1** 膽汁黏合劑

2 膽汁推動劑

3 泥漿療法（peloid therapy）

4 DHA

5 槲皮素（Quercitin）

6 牛奶薊（水飛薊，又名乳薊）

7 薑黃素

1 膽汁黏合劑

　　大家如果有聽過治療黴菌病的事情，大概就會聽過別人熱心推薦使用黏合劑，也就是膽汁黏合劑。為什麼？

　　膽汁能運送黴菌毒素，把膽汁當作快遞員，在正常消化過程中，膽汁將東西從肝臟運送到腸道，就像送快遞一樣，然後再回到肝臟載運更多東西到腸道內丟棄，然後一遍又一遍地循環。

　　問題是黴菌毒素是有黏性的，膽汁試著把黴菌毒素丟到腸道裡面時，黴菌毒素會黏著不放。所以膽汁就再把毒素帶回肝臟加工包裝，肝臟又再將包裹交給膽汁，膽汁就又一次一次地反覆送回來，導致解毒功能大錯亂！

　　很不幸，每一次肝臟或腎臟將送回來的黴菌毒素再加工，這些器官就會再次受到一點傷害，膽汁黏合劑的目的就是破壞這個循環，膽汁會被黏合劑阻擋在腸道中，接著隨糞便排出。之後人體就會再製造新的、乾淨的膽汁。膽汁黏合劑可以中止錯亂。

　　環境醫學大師華特・克尼昂（Walter Crinnion）博士治療各種環境疾病已有數十年經驗，其中也包括黴菌。他用的纖維已

經證實可以結合膽汁，減少毒素負荷。在他的《Clean, Green, and Lean》一書當中，克尼昂博士推薦米糠纖維。米糠纖維和其他類似的纖維能有效從腸道吸收承載毒素的膽汁，接著膽汁就會隨糞便排出，不會再被身體回收。

如果各位出現黴菌症狀，最好能增加黏合纖維作為營養補充品。纖維很厲害的部分就是它的調節能力。糞便如果太多，纖維就會降低蠕動到正常速度，糞便如果太少，纖維就會幫助蠕動。

纖維還能作為腸道益菌的食物，增強腸道免疫系統，幫助營養吸收。

如何選擇適合自己的纖維因人而異。以結合黴菌毒素為目的，要尋找富含高度不可溶性纖維的來源。纖維的種類雖多，卻並非所有纖維都能抓住黴菌毒素。下列是能跟黴菌毒素結合的纖維，順序是使用在我的黴菌病人上，按照輕微便祕到嚴重便祕排列，請選一個不會讓自己的糞便太多或太少的纖維吧。我發現混合的纖維效果最好，並僅限使用有機來源。

黏合劑
可使用的**纖維**

亞麻籽
奇亞籽
米糠
燕麥麩
洋車前子殼

有些人則需要更強更有力的介入。

瑞奇 • 舒梅克（Ritchie Shoemaker）博士，是一位醫學先驅、研究員及黴菌戰士。他突破性地使用了一種名為考來烯胺

（cholestyramine）的處方黏合劑來治療黴菌毒性。他發現暴露在水害建築裡的病人，受多重系統、多重症狀疾病所苦，藉由考來烯胺能有所幫助。

透過結合承載毒素的膽汁，考來烯胺用在治療黴菌病人身上的效果非常好，而且一樣會被排出。它比上面列出的纖維具備更強的結合力，因此有好有壞。好的方面：結合黴菌毒素非常有效。壞的方面：也會跟藥物和營養素結合，影響效果。這種藥每天分次服用的效果最好，如果還要服用其他藥物，服藥時間的拿捏就會變得有一點棘手。

我喜歡先用纖維治療，如果沒有任何進展，才會使用考來烯胺。我發現如果先把最外面兩層橘子皮剝掉的話，大部分的人只要使用上述的不可溶性纖維就會成功。

但我在使用黏合劑時會有狀況。

如果已經便祕
就不要使用黏合劑

許多黴菌病人都會便祕。在某些人身上，黏合劑會讓腸道蠕動變慢，導致便祕更嚴重。如果黴菌毒素在各位的腸道周圍漂浮，那就糟糕了。縈繞不去的黴菌毒素會傷害腸道內層的表面，還會攻擊腸道的免疫系統。

不是每個人都適合黏合劑。下列步驟我將說明如何成功使用黏合劑，一切都與各位如何排便有關。

黏合劑
如何使用

步驟 1　如果各位每天排便 2-3 次，直接跳到步驟 4，加入纖維。

步驟 2　如果各位每天排便次數不到 1 次，請從每天吃 4 杯綠葉蔬菜開始。如果這樣能幫助每天排便 1-2 次，請跳到步驟 4，加入纖維。

步驟 3 在日常飲食中加入 1 杯長糙米。

- 如果仍然規律排便，按照步驟 4 加入纖維營養補充品，狀況不錯的時候就可改吃白米。

- 如果每天排便次數不到 1 次，請跳到下一節「膽汁推動劑」。若使用膽汁推動劑可以每天排便 1-2 次時，請回到步驟 1。

步驟 4 加入不可溶纖維營養補充品。每日其中一餐服用 1 湯匙。

步驟 5 只要每天都還是排便 1-2 次，就將隨餐服用的纖維增加到一天兩次，每次 1 湯匙。

步驟 6 等逐漸從黴菌病康復，將纖維減少到每天 1 湯匙。觀察並確認是否仍會規律排便。如果是，每天繼續健康飲食和 1 湯匙纖維，以結合黴菌死亡產生的廢物。如果無法排便，持續使用較高劑量，並在需要時加入膽汁推動劑。（詳情參閱下一節）

步驟 7 黴菌治療結束後，繼續健康飲食，只在需要時服用纖維。如果各位每天沒有至少排便 2 次，請繼續服用纖維營養補充品。

黏合劑
注意事項

便祕：在黴菌治療期間服用纖維產品時，應確保每天至少排便 2 次。如果沒有，請使用膽汁推動劑。一定要排便才會好轉。

服藥時機：如果有在服用藥物，請確認是否有任何藥物需要避開纖維營養補充品。

真菌過度生長：有一部分真菌過度生長的人，會因為吃穀物而引發難受的腹脹，就連吃高纖米也會。如果有這個狀況，請跳過步驟 3。

藥物：某些與維生素 K 有關的抗凝血藥物，患者會被要求不要食用綠色蔬菜，這真的太誇張了，我們人體各部位都需要綠色蔬菜。請調整飲食中會跟藥物衝突的綠色蔬菜，但每天仍然必須食用綠色蔬菜或蔬菜粉末營養補充品。千萬不要忘了。

2 膽汁推動劑

相較之下我會比較希望黴菌病人腹瀉而不要便祕。我們希望瀕死黴菌釋放出來的毒素是沖掉而不是被吸收。藉助膽汁推動劑的使用，可以達到此目標。

瀉藥不像膽汁推動劑對黴菌病人那麼有幫助，但最終兩者都會達到同樣的效果。膽汁會像瀉藥一樣刺激腸道，而且也會抓住黴菌毒素。膽汁推動劑有很多產品可供選擇，對黴菌來說，我會用稱作「利膽藥（cholagogues）」的草藥，還有稱作膽鹽（bile salts）的營養補充品。

先從利膽藥開始使用。這些苦苦的植物草藥會誘發膽汁分泌，苦味有利於黴菌毒素結合，我鼓勵每一個人將有苦味的蔬菜納入日常飲食中，按照自己的步調去做，吃苦是可以慢慢培養的。

可以試試看芝麻菜、花椰菜、萵苣、西洋菜、羽衣甘藍或蒲公英葉等帶苦味的綠色蔬菜。綠茶被視為有一點苦味，富含對抗黴菌的生物類黃酮。也可以適度加上一點點黑巧克力或咖啡，不過請注意我說的是一點點。

如果各位已經出現黴菌症狀，沒辦法排便，而且在飲食中加了苦味也沒有幫助的話，就需要更強的東西，你需要的是藥性苦藥——利膽的草藥。

利膽的草藥用吃的效果最好。我建議也可以把利膽滴劑（酊劑）直接滴在舌上，來達到推動膽汁的最大效果。另外也有一種苦甜夾雜，風味芬芳又令人愉快的利膽藥，稱作「Sweetish Bitters」。

如果覺得苦味太強，無論如何都沒辦法服用滴劑，也可以用藥丸形式吞服，不過我建議先打開一個膠囊丟回瓶子裡，然後搖晃瓶身，讓所有膠囊外殼都沾到一點味道，味蕾就能得到一點刺激。

膽鹽是給有膽囊功能不全的人用的。某些黴菌病人的膽囊可能天生有缺陷。在我所受的訓練裡，這些人被稱作非分泌型體質。因為他們無法製造強大的消化液，也包括膽汁。這個族群的人更容易受到環境毒素疾病所影響。更多資訊，請參照彼得・德阿達摩（Peter D'Adamo）博士《Eat Right 4 Your Type》一書。

某些黴菌病人會有膽囊缺陷，因為他們膽囊裡的黴菌毒素超過負荷，在進食時，膽囊不會分泌膽汁，這些人每餐飯可能都需要加入膽鹽。

如果沒辦法排便的話，我建議每餐都使用利膽的草藥，如果還是沒排便，就在每餐中加入膽鹽。而且，在達到每天排便 1-2 次之前，都要加入能黏合毒素的纖維。通常，一旦黴菌菌群被擊敗，身體獲得力量後，就不需要那麼多的推力了。

膽汁推動劑
如何進行

利膽

優先嘗試： 每餐飯都要吃有苦味的綠色蔬菜。如果沒有規律排便，就加入苦味滴劑。

添加： 每餐飯前 10 分鐘，直接在舌上滴 5 滴苦味滴劑。

必要時添加： 加入 1 顆利膽草藥膠囊，如蒲公英根、紅根、龍膽草或白屈菜。請詢問醫生哪一種適合自己體質。

膽鹽

尋找上面有寫「膽鹽（bile salts）」或「牛膽汁（ox bile）」的有機營養補充品。如果加入了利膽藥還是達不到預期的腸道緩解效果，可在每天最主要的兩餐飯時服用 1 份營養補充品。

膽汁推動劑
注意事項

這個階段很複雜，可能需要具備黴菌專業知識背景的醫生指導。

腹瀉：膽汁推動劑可能會引起腹瀉。

膽結石：如果各位有膽囊問題，請緩慢謹慎進行；如果有膽結石的話，推動膽汁可能會導致膽囊炎發作，而且幾乎排不出膽結石。

3 泥漿療法

　　泥漿（Peloid）是很新潮的詞，基本上指的就是泥漿，但不是隨便什麼爛泥巴都算。泥漿用的是泥炭。我把這種療法稱作是「默默幫忙的泥炭」，因為對身體有益的效果無聲無息的就發生了。各位可能會覺得自己也沒做什麼，只是坐在骯髒的洗澡水裡，卻能獲到奧妙的成果。這麼簡單的方法好像不應該有效才對。

　　泥漿療法可以使用在各個年齡層用於治療各種健康問題上。泥漿，或泥炭的應用，可以加強皮膚的排毒能力。對付黴菌，它的水準可說一流。

　　我發現有些人身體裡充滿黴菌毒素，就算離開了病態環境，身體卻早已失去清除髒東西的能力。他們的排泄器官太滿，根本動不了，殘存的毒素因此引發症狀。此時就該尋求默默幫忙的泥炭。我喜歡把這種療法用在有便祕、鼻塞、淋巴阻塞、橘皮組織和皮膚問題的黴菌病患者身上。

還記得全身長滿皮疹的曲棍球員嗎？泡在泥炭浴中對清潔他的皮膚至關重要。因為他的皮膚是黴菌毒素主要暴露來源，他的皮膚及皮下層都已經超過負荷。皮膚從護具的墊子吸收了黴菌毒素，然後把黴菌毒素都貯存起來。

泥漿療法很容易在家做。

泥漿療法
如何進行

事前先以山泉水大量補充水分。

步驟 1 在浴缸中加滿舒適的熱水。小心，加入泥漿後水溫可能會上升，所以不要加過熱的水。

步驟 2 加入一罐慕爾泥（Moor Mud）浸泡（來源請參閱參考資料）。

步驟 3 在浴缸中浸泡 25-40 分鐘。第一次泡澡只要泡 25 分鐘，先測試身體各部位的反應。

步驟 4 浸泡完成後，把浴缸的水排掉，輕輕將泥漿沖洗乾淨。

步驟 5 不擦乾，直接包裹上溫暖的毯子，躺下 30-45 分鐘。會感覺到中心體溫上升是很正常的，而且流汗會比平常流得更久。

步驟 6 30-45 分鐘後，用冷水淋浴，徹底沖洗乾淨。

步驟 7 再次補充水分。

泥漿療法
注意事項

開放性傷口：如果有開放性傷口，請務必謹慎，確保傷口不會受到刺激或感染。（建議等傷口恢復後再進行）

高血壓：如果有高血壓，請從短時間開始泡。以較短時間慢慢進行泥漿浸泡時間測試，以確定你的血壓在浸泡期間和浸泡後 1 小時都能維持穩定。

4 DHA

DHA 是二十二碳六烯酸的縮寫，對，用 DHA 就好了。DHA 是一種有益的膳食脂肪，主要來自魚類。DHA 可保護大腦、神經系統和眼睛。

黴菌會明顯影響各位的大腦運作方式；出現比如思緒模糊、思考遲緩、困惑、想不出正確描述的字詞、大腦疲勞，甚至失智症等症狀。會這樣大部分是因為 DHA 不足。失智症專家戴爾·布雷迪森（Dale Bredesen）博士將黴菌腦稱作吸入型阿茲海默症，屬於阿茲海默症的亞型。他率先讓人們了解吸入型的阿茲海默症是一種可以治療的疾病。

我有許多黴菌病人在暴露於黴菌毒素後都抱怨視力改變，這是因為黴菌毒素直接傷害眼睛及大腦視覺處理的區域所致，而 DHA 對這兩者都有幫助。

DHA 還能恢復細胞的能量來源——粒線體的功能。DHA 太低的黴菌病人會覺得自己比實際年齡衰老很多。

如果黴菌主要影響在大腦、體力、神經或眼睛，那 DHA 就是很好的夥伴。

DHA
如何進行

食物：每週吃四天純淨的食用魚。可查看美國環境工作小組有關無汞魚類的清單來選擇。

營養補充品：每日補充 3 公克 DHA。可隨著神經症狀逐漸改善，慢慢停止服用，改從飲食中攝取所需。

研究顯示，急性暴露期間的安全攝取量可達 30 公克。

DHA
注意事項

魚類過敏：如果對魚類過敏，請避免服用 DHA。最接近的植物性替代品是琉璃苣油（borage oil）、月見草油和黑醋栗油。

出血風險：有一個理論說 DHA 與抗凝血藥物一起使用時會出問題，目前這個理論仍需研究證實，但是如果有在服用抗凝血藥物，請留意會容易出現瘀青的情況。

5 槲皮素

　　槲皮素是一種生物類黃酮，所以顏色很繽紛。植物彩色的部分能幫助患者從黴菌病中復元。槲皮素對鼻竇、腸道和膀胱都有親和性，是一種消炎成分。實際上，當接觸過敏原時槲皮素能改善發炎狀況。暴露於黴菌後引發過敏的人很喜歡這種霓虹黃色素。他們說，要不是槲皮素，他們的眼睛早就腫起來，或是肚子就會痛了。槲皮素來自於洋蔥皮，是不是很諷刺呢？槲皮素能讓洋蔥導致的流眼淚、流鼻涕和消化不良康復。

槲皮素
如何補充

食物：吃洋蔥。我是茱莉亞．柴爾德（Julie Child）的法式洋蔥湯食譜的忠實粉絲。真的很神奇！當染上黴菌病時，它在某些時候可以說是最有效的東西。

營養補充品：服用 300-600 毫克的膠囊，每日 1 至 3 次。

槲皮素

注意事項

這是一種非常安全的營養補充品。

流鼻血：我很少遇到槲皮素使用過量，導致呼吸道太乾而流鼻血的狀況，這只會發生在長期持續暴露於發霉環境的患者身上。

6 牛奶薊

　　牛奶薊是從黴菌病復元的絕佳營養補充品，能保護我們的重要器官：肝臟和腎臟。這些器官會直接受到黴菌分泌的毒素所影響，甚至有些肝癌是直接與暴露在某些黴菌毒素下有關。如果各位有肝臟和 / 或腎臟的症狀，務必將牛奶薊納入治療方案的一部分。

　　有些人可能很好奇肝臟或腎臟會有哪些症狀。試想化學過敏、嗅覺過敏、飛蚊症、頭痛、飯後噁心、腹脹、食慾不振、酒精渴求、手腳腫脹、老年斑增加、下背痛、尿液味道重，或者尿量少。這些只是幾個肝臟和腎臟勞損的不明確症狀而已。

　　事實證明，牛奶薊不只有保護功能，還可以修正黴菌造成的長期影響。從字面上來看，它能再生新的肝細胞，真是醫學奇蹟！這些效果在劑量低的時候是看不到的，各位需要補充每日最低劑量才能達到基本的保護效果。服用牛奶薊，劑量很重要，有機的來源也同樣重要。

牛奶薊
如何補充

每日最低劑量：每日服用 750 毫克有機牛奶薊種籽粉末（水飛薊）。

牛奶薊每天安全攝取量是 1500 毫克，可以消除體內黴菌的毒性作用。

如果因暴露在黴菌之下，病情相當嚴重的話，這是一種可以長期服用的營養補充品。隨著黴菌死亡，會溢出更多黴菌毒素，這個時候沒有人會希望自己沒有保護。

牛奶薊
注意事項

藥物交互作用：透過肝臟細胞色素 p450 系統代謝的藥物，可能會跟這種草藥產生交互作用。請諮詢醫生，自己服用的藥物是否屬於這個類別，這時通常進行簡單的劑量調整即可。

7 薑黃素

薑黃素對身體的好處多多而為人所稱道，對治療黴菌病來說，它確實非常亮眼。還記得黴菌會影響身體各個系統嗎？薑黃素也是如此，但是好方面的影響。薑黃素是一種抗氧化劑，可以保護肝臟和腎臟，還能在基因層級上促進身體抗氧化劑之王——穀胱甘肽的生成。

要我把薑黃素能對付的症狀清單縮短很難，因為它對太多部位都大有益處。但是如果一定要我選的話，我會優先提大腦功能、發炎性疼痛、神經性疼痛和在牛奶薊一節中提到的所有肝臟症狀。

首先，我建議從非常小的劑量開始吃。如果各位沒有常常吃咖哩，就從吃咖哩開始吧。有些人體內累積了很多毒性物質，這

類草藥如果服用太多會感覺更不舒服，薑黃素會劇烈的啟動排毒過程，最常見的負面反應就是頭痛。如果有先將橘子外層剝掉的話，這通常不會是問題。

　　薑黃素經過油燜或經特殊加工成脂溶性後，吸收率最高。請盡量尋找有經過這類加工，而且僅限有機來源的品牌，不要省成本。製程差的薑黃素營養補充品，食用後容易導致腹瀉而從體內排出，完全不會被身體吸收。

薑黃
如何補充

食物：連續 5 天，服用含有 1 茶匙薑黃粉的咖哩，薑黃粉用油燉煮過，椰子油是一個不錯的選擇。

營養補充品：如果對膳食薑黃沒有任何不良反應，可以服用 350 毫克脂質體薑黃（Curcuma longa）。

如果受得了的話，安全劑量可以吃到 350 毫克，每日三次。

薑黃
注意事項

藥物交互作用：像牛奶薊一樣，透過肝臟細胞色素 p450 系統代謝的藥物可能會跟這種草藥產生交互作用。請諮詢醫生自己正在服用的藥物是否屬於這個類別。通常進行簡單的劑量調整即可。

2.4
修復

　　各位可能會想，我為什麼要用整個章節的篇幅來談修復。因為我把暴露在黴菌之下跟被追蹤飛彈擊中等同視之。黴菌不只會破壞身體正常功能，似乎也會找到身體修復機制然後一併殲滅。要進行修復最大的重點就是先移除黴菌毒素，然後再修復黴菌毒素所留下的傷痕。

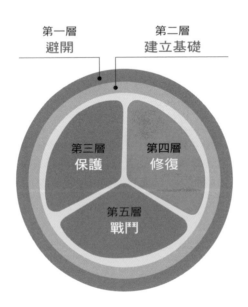

修復黴菌毒素造成的傷害

　　黴菌殺傷力最強的部份就是黴菌毒素，他們能在不著痕跡或不帶一點氣味的情況下讓我們中毒。以下是黴菌毒素的負面影響，而且不修復不會好：

- 對大腦和神經的神經毒性
- 免疫耗盡
- 對消化道和膀胱內壁造成破壞
- 肝功能障礙，尤其是穀胱甘肽耗盡
- 腎臟損傷
- 心肌傳導效應
- 皮膚毒性
- 重新編程基因，降低防禦能力
- 因為氧化損傷加速衰老

　　各位已經剝掉橘子皮，也已經從工具中選擇方法進行保護了。現在，請挑選一兩樣工具來輔助修復吧。如果醫生在你的檢驗報告中發現黴菌毒素，以下所有選項，都確定可以支援穀胱甘肽。

可供選擇的修復工具有…　1 淋巴按摩

2 桑拿浴

3 生物類黃酮

4 白藜蘆醇

5 穀胱甘肽

6 α - 硫辛酸

7 褪黑激素

8 輔酶 Q10

1 淋巴按摩

還記得淋巴系統是我們身體的衛生系統吧？淋巴管就是下水道，我們的排毒器官將廢物打包後排出體外。淋巴阻塞和淋巴毒性是黴菌病患者的主要問題。

淋巴阻塞的症狀是皮膚出現斑點、皮脂、皮疹、腫脹或淋巴結慢性硬化，身體一動就喘、四肢因重力腫脹、頭痛、耳朵充血、腹股溝疼痛、進食後出現跳躍脈搏、腹部飽滿柔軟，以及頻繁感染。為此，我推薦淋巴按摩。

淋巴按摩跟一般按摩不一樣，不用去找激痛點（trigger point）或按壓深層肌肉組織。針對淋巴的按摩，治療師只會用把錢幣壓在牆上不會掉的力氣，這是非常非常輕的力道，這可能跟我們一般認知的按摩不同。

我就曾經犯過這種錯誤，忘記提醒患者箇中差異。我建議患者進行淋巴按摩卻沒有詳加描述，因此接到投訴電話。他們認為沒有進行深層組織按摩很浪費錢。深層組織按摩不是淋巴按摩的重點，重點是推動僅位於皮膚表層下方的淋巴管。第一次按摩之後各位可能會覺得不舒服，因為所有毒素都被移動了。

淋巴按摩
如何進行

跟淋巴按摩治療師安排預約時，可要求他們出示培訓證明，並特別注意有沒有淋巴水腫、淋巴性水腫或淋巴引流等字眼。癌症中心是良好的管道，可以找到訓練有素的從業人員。

開始進行一次淋巴按摩，看看感覺怎麼樣。

如果沒有任何反應，就不需要使用這種方法。

如果確實出現反應，請繼續進行按摩，直到所有反應消失。

淋巴按摩
注意事項

頭痛：這通常是因為脫水和／或穀胱甘肽過低，請務必以優質山泉水補充水分。如果補水也沒有幫助，請參考下方「穀胱甘肽」的部分。

腎臟病：如果患有腎臟病，大量淋巴移動可能導致體液超過負荷而使各位的腎臟受壓。問題是，如果患有腎臟病，就比其他人更需要這個方法。我會建議安排短時間、頻繁、集中在單肢的淋巴按摩來處理腎臟反應，仍會獲得正面的效果。

2 桑拿浴

桑拿浴應用在排毒方面已經有好幾百年的歷史。研究顯示，重點不在於出汗量的多寡，而在於全身血液循環的程度。就像散熱器一樣，血液從身體核心循環到皮膚，以降低桑拿浴熱氣的溫度。這種為血液加壓的動作可以沿路吸收毒素，並將毒素帶到身體的排毒器官，毒素在那裡被打包裝入膽汁後排出。

桑拿浴的重點不只是「流汗」，而是為了讓血液流動，桑拿浴對病得太嚴重而無法運動的人來說是完美的作用劑，就像我們在「建立基礎」章節中所談到的一樣，我們的身體需要水進來，也需要水出去，也必須讓水分流動才行。桑拿浴剛好可以滿足這個要求。但需記住，一旦各位好轉到可以起來動一動的時候，也請多動動身體，因為這還是最好的方法。

黴菌治療創新者和教育專家約瑟夫・布魯爾（Joseph Brewer）博士分享了一則病例，患者使用遠紅外線桑拿浴療法作為治療計畫的一部分。在桑拿浴後，患者的尿液真菌毒素增加了十倍，這個結果進一步支持了透過血液流動來加強排毒的理論。而我在運動上也看過相同效果。

桑拿浴
如何進行

傳統乾熱桑拿浴：150-175°F（75-100°C），持續 30-45 分鐘。出來後立刻用自己可以忍受的冷水沖洗 1 分鐘，不要超過時間。若為北方人則可以跳進雪堆裡。

遠紅外線桑拿浴：125-130°F（52-55°C），持續 25-30 分鐘。離開桑拿房後經常會流更多汗。將身體包裹在溫暖的毛毯中直到停止出汗為止，然後用冷水淋浴沖洗。

桑拿浴
注意事項

脫水：脫水是使用桑拿浴療法的人最常見的問題。進行桑拿浴前 4 個小時，請每半小時補充 6 盎司（約 170ml）或更多的山泉水。

高血壓：如果有高血壓，請在桑拿浴期間監測血壓。我喜歡手腕式電子血壓表，因為很容易使用，也沒有淋巴液流動的限制。

腎臟疾病：桑拿浴會挑戰腎臟血液和尿液的過濾能力。如果有罹患腎臟疾病，醫生可能會要求在桑拿浴的前、中、後監測尿液比重（濃度）。請先以建議時間的一半開始進行，以確定自己的腎臟有能力應付挑戰。

3 生物類黃酮

　　生物類黃酮是人體的色彩保鑣，是存在於蔬菜水果中的彩色色素。生物類黃酮在保護人體不受黴菌孢子和毒素危害方面，有著令人驚艷的強大功效，保護及預防傷害的能力可以一路往下到達細胞層面。如果各位的黴菌問題其來已久，深受「克莉絲塔黴菌自我檢測表」中第 2 大類或第 3 大類的症狀所困擾，那麼就會需要使用這項食物療法。

　　獲得生物類黃酮的最佳方法是從飲食中攝取。生物類黃酮家

族有一脈特別用來對抗黴菌的分支，稱作多酚。綠茶和抹茶的多酚含量都很高，具有強大的黴菌病治癒特性。另一種色素，是一種稱作茄紅素的紅色色素，有助於人體從黴菌毒素中恢復。番茄中茄紅素含量高。另外，黃色的色素稱作槲皮素，對黴菌病也有幫助，在本書中有篇幅介紹。綠色、紅色、黃色、紫色……如各位所理解，彩虹顏色，缺一不可。

生物類黃酮
如何補充

食物：每天吃 5-7 份彩虹顏色的蔬菜。

食物：假如沒有真菌過度生長的問題，每天吃 1-2 份彩虹顏色的水果。

飲料：每天 2 杯綠茶。如果不喜歡綠茶，請在食物中加入 1/2 茶匙的抹茶，或者喝洋甘菊茶也可以。洋甘菊可以修復黴菌毒素造成的傷害，並且味道甘美，略帶一點溫和的苦味。

生物類黃酮
注意事項

有機：別吃有毒蔬菜使毒性問題惡化。可查看美國環境工作小組（EWG）的「十二大農藥殘留作物（Dirty Dozen）」和「十三大最低農藥殘留蔬果（Clean Thirteen）」表單。可多利用方便的參考資料來選擇購買有機產品。要付錢買有機食品還是付錢看醫生，由各位自行決定。

體重降低：如果因為黴菌病導致體重減輕太多，那可能需要減少蔬菜份量，並增加蛋白質和脂肪份量。通常吃較多有機蔬菜會因為排毒作用而造成脂肪減少。請監控自己的體重。

藥物：服用某些與維生素 K 有關的抗凝血藥物時，有些患者會被告知不要食用綠色蔬菜，這真的太誇張了，我們身體各部位都需要綠色蔬菜。請調整飲食中會跟藥物衝突的綠色蔬菜，但每天仍然必須食用綠色蔬菜或蔬菜粉末的營養補充品。千萬不要忘了。

4 白藜蘆醇

　　白藜蘆醇是一種強效抗氧化劑，在暴露於黴菌之後，能修復肝臟和神經系統損傷，而且還具備抗癌特性，還被許多媒體當作可以喝紅酒的藉口。確實，紅酒內含白藜蘆醇，但要達到能對抗黴菌所需的白藜蘆醇，每天必須喝下 60 瓶紅酒。不，我不是建議大家每天喝 60 瓶紅酒……而是一瓶都不要喝。

　　我對紅酒存在疑慮。正如我們從前面一名女子食物過敏越發激烈的案例中學到，紅酒可能含有黴菌毒素。如果你喜歡在用餐時來一點紅酒，請務必確認釀酒廠是否有提供黴菌毒素的獨立檢驗報告。坊間有一些紅酒購買俱樂部能更方便搜尋查找（見參考資料）。

　　綜觀來說，白藜蘆醇營養補充品不能少。白藜蘆醇對全身性疼痛、無精打采、皮膚問題和循環遲緩有幫助，可能還可以降低膽固醇，被大力吹捧為青春抗老聖品。有研究顯示，如果受試者持續每天攝取每日最低劑量 1 克（1000 毫克），就可以看到白藜蘆醇的效益。

5 穀胱甘肽

白藜蘆醇

如何補充

營養補充品：每日攝取最少量 1000 毫克，過幾個月等消滅黴菌（戰鬥部分）的療程過了之後，可試著將劑量減半。觀察下週反應，務必確定感覺依然良好。如果沒有，再回到每天 1000 毫克，之後再繼續自行嘗試減量。

白藜蘆醇
注意事項

非發酵來源：日本虎杖（Japanese Knotweed）是白藜蘆醇最常見的植物來源。許多草藥加工商將日本虎杖發酵後取得白藜蘆醇。對於健康的人來說，這麼做沒有什麼不對，但對暴露在黴菌之下的人來說，通常會有不良反應，就算白藜蘆醇在加工後並未留下任何真菌（黴菌）元素，但是光是發酵也會造成問題。關於使用萃取發酵的公司資料，請詳閱參考資料。

穀胱甘肽是對抗黴菌毒素最強大的抗氧化劑。

穀胱甘肽就是王者。如果各位也熱愛電影「魔戒三部曲」，就會理解我對穀胱甘肽的評價有多高了。

穀胱甘肽就如同魔戒一般，我把它稱作是「至高無上統治一切的抗氧化劑」。

> **所有黴菌毒素**
> **都會消耗穀胱甘肽**

公平地說，維生素 C 在一般用途也可以掛上這個稱號，但是只要牽涉到黴菌，穀胱甘肽可說是大勝。

是的，所有黴菌毒素都會消耗穀胱甘肽。在 DNA 方面，穀胱甘肽若太低會導致人體核心基礎代謝功能障礙，少了穀胱甘肽，我們的身體就會變成充滿有毒廢物的垃圾場。肝臟、腎臟、大腦、肺臟和免疫系統都在努力處理所有垃圾，而那些就是症狀接踵而來之處。

穀胱甘肽可緩解大腦和神經系統、呼吸系統和解毒器官的症狀——主要是肝臟，當然還有腎臟。

形式很重要。讓穀胱甘肽進入體內的最佳途徑是靜脈注射，但是很難找到有提供穀胱甘肽靜脈注射的醫生。如果你很幸運能住在某個擁有這種資源的地方，恭喜你。其他的人就需要以營養

補充品形式補充，我只推薦補充脂質體形式的營養補充品。我的結果好壞參半，根據可靠的臨床結果和改善的檢驗數據，最後我找到幾個情有獨鍾的產品。在攝取穀胱甘肽之前，請各位先多做幾個步驟以避免引發過敏。

穀胱甘肽
如何進行

事前先以山泉水大量補充水分。

步驟 1 將少量脂質體穀胱甘肽液體用棉棒沾濕，在臉頰內側或鼻子內輕掃。如果有出現局部反應，表示可能對亞硫酸鹽過敏，不能使用穀胱甘肽。請改用牛奶薊和硒，以提高身體自行製造穀胱甘肽的能力，來作為替代方案。

步驟 2 如果沒有反應，請每天早上服用 225 毫克口服脂質體穀胱甘肽液體。觀察是否有新的或惡化的症狀。如果有症狀出現，請將劑量減半，然後再試一次。如果完全不起作用，請務必返回「建立基礎」章節中的排泄器官進行操作。

步驟 3 1 週後，如果沒有惡化或新的症狀出現，每天早上服用 450 毫克口服脂質體穀胱甘肽液體。

步驟 4 監控檢測數值以決定需要服用多久的穀胱甘肽。

步驟 5 如果已經服用穀胱甘肽很長一段時間，沒有補充就無法保持水平的話，那有可能是缺硒。硒很容易補充，而且具備自行修復黴菌毒素的特性。各位可能還需要基因方面的支援。詳見參考資料中班傑明 · 林區（Benjamin Lynch）博士《Dirty Genes》一書。

穀胱甘肽
注意事項

味道：警告！穀胱甘肽吃起來像是整人玩具的液體屁味。真的，很可怕。柳橙汁通常可以蓋住這個味道，讓味道不那麼重。如果你買到的穀胱甘肽味道不好時，很容易會讓人懷疑它的效果。還有其他形式可供選擇：透過皮膚的、鼻內的和噴霧的類型。不過針對這些形式，我的實驗室監測數據方面的經驗不足，所以無法針對功效加以評論。

排毒反應：如果長期感染黴菌，穀胱甘肽長期低水平的機率也很高。如果是，一旦開始補充這種強效的抗氧化劑，可能會有好幾天感覺就像是被車撞一樣。這種情形應該只會持續 2-3 天。如果感覺時間超過 2-3 天，請暫停補充穀胱甘肽並遵循 2.5「戰鬥」章節中的赫氏反應工具進行。

亞硫酸鹽過敏：亞硫酸鹽過敏的人會無法耐受穀胱甘肽。

哮喘：噴霧式吸入的穀胱甘肽可能會讓哮喘發作得更嚴重。

6 α - 硫辛酸

α - 硫辛酸（ALA）是穀胱甘肽的前驅物質，部分穀胱甘肽不耐的人在 ALA 上表現良好，它在保護肝臟和腎臟方面的效果，幾乎跟穀胱甘肽相同，不過還附帶一點魔力。ALA 能減少發炎，並在基因層級上保護免疫系統，還能穩定血糖。

如果各位發現自己一直在生病，感冒久病不癒或延伸到肺部，或者血糖不穩定的人，ALA 是一個很適合的營養補充品。

α - 硫辛酸
如何攝取

補充：服用 600 毫克 α - 硫辛酸（ALA）膠囊，每日 2 次。

α - 硫辛酸

注意事項

亞硫酸鹽過敏：如果各位對亞硫酸鹽過敏，又想知道還有哪些做法，請查閱班傑明 · 林區博士的《Dirty Genes》一書。

7 褪黑激素

我之前說過最強大的黴菌抗氧化劑是穀胱甘肽，這是事實。但是褪黑激素是大腦抗黴菌和黴菌毒素最強的抗氧化劑。褪黑激素能改善「黴菌腦」這種一片霧茫茫的感覺，就像快要失去所有優勢一樣。隨著褪黑激素修復大腦組織，「黴菌腦」症狀就能獲得改善。

褪黑激素還能修復肝臟和腎臟的損傷。在肝臟中，褪黑激素能修復嚴重受損的肝細胞，否則細胞就會死亡。褪黑激素還能刺激肝臟自行製造穀胱甘肽。

當主要的症狀是肝臟症狀時，褪黑激素就是肝臟的好朋友。與牛奶薊搭配使用會是一個很好的營養補充品。在牛奶薊的章節中所列出的肝臟症狀有化學過敏、嗅覺過敏、飛蚊症、頭痛、飯後噁心、腹脹、食慾不振、酒精渴求、手腳腫脹以及老年斑增加。這只是其中一些與肝損傷相關的不明確症狀。

為了達到理想的保肝護腦療效，我們遵循癌症療法設定的劑量。儘管 1-3 毫克的褪黑激素就能幫助入睡，但是針對修復黴菌問題，我們處方的劑量會高很多。

高劑量通常不會幫助各位入睡，所以必須確實促進褪黑激素自行分泌。如果搭配輔酶 Q10，還能擴大褪黑激素針對黴菌的修復效果（在下一節詳述）。

褪黑激素
如何進行

促進褪黑激素自行分泌：睡前一小時調整成非常微弱的照明，有助於引導身體自行分泌天然褪黑激素。如果遵循日照時間，分泌的褪黑激素是最強的。對促進天然褪黑激素分泌來說，最不該做的就是在睡前兩小時內使用 3C 產品。請大家加入我的行列，太陽一下山就睡覺去吧！如果大家都這麼做，夜貓子找不到人聊天交談，可能也會早早去睡。

營養補充品：每天睡前服用 20 毫克。

褪黑激素
注意事項

做夢：雖然高劑量不一定能幫助各位入睡，但是部分患者表示在開始使用褪黑激素的前幾週做了一些奇怪的夢。

嗜睡：褪黑激素應於晚上服用，以免白天就昏昏欲睡。

8 輔酶 Q10（CoQ10）

好吧，我之前說過最強大的黴菌抗氧化劑是穀胱甘肽，我真的是那個意思。但是，除了褪黑激素是大腦對抗黴菌毒素最強的抗氧化劑之外，輔酶 Q10 則是支援心臟最強的抗氧化劑。各位可能已經注意到抗氧化劑對治療黴菌有好處，我一講到抗氧化劑就感到興奮。

持續暴露在某些黴菌毒素下的人，可能會有稱作心肌炎的心臟肌肉受損情形，這是因發炎以及黴菌導致心肌細胞中 CoQ10 缺乏所引起。

輔酶 Q10 能滋養心肌細胞的粒線體，或作為動力來源。這些傢伙一天都不能休息，甚至休息一下都不行……否則我們的心臟就會停止跳動。

如果一直出現心臟症狀或胸部不適以及其他黴菌症狀，有可能是輔酶 Q10 缺乏，請找醫生檢查心臟，而不是什麼都怪黴菌。如果所有問題都從心血管檢查後確定，補充輔酶 Q10 可以減輕負擔，提升整體的精力。

輔酶 Q10 還能幫助身體其他受到黴菌影響的部位，如骨骼肌。例如，有些人說他們每次想起來動一動時都感覺筋疲力盡，那是粒線體燃料耗盡的關係，輔酶 Q10 可以餵養粒線體。

如上所述，輔酶 Q10 還能修復肝臟和腎臟，特別是搭配褪黑激素使用的時候。

營養補充品我建議尋找可溶解的輔酶 Q10 咀嚼片，然後請抵抗想咀嚼的衝動，因為溶解的時間越長，透過臉頰所吸收的輔酶 Q10 就越多。

輔酶 Q10
如何補充

步驟 1　大多數人每天服用 100 毫克即可緩解症狀。

步驟 2　如果有與胸腔相關之症狀，請服用 100 毫克，每日三次。

步驟 3　隨著症狀緩解，減少至每天 2 次，並且觀察活動後的情形。如果與胸腔相關的症狀再次出現，請再回到每天服用 3 次的階段。等成功殺死更多身體裡的黴菌後，再嘗試減少服用次數。

輔酶 Q10
注意事項

過敏：很少有患者回報對 CoQ10 過敏。在我的執業生涯中，通常是對藥錠中的賦形劑 * 成分過敏，而非對 CoQ10 過敏，他們對藥丸形式的耐受度則沒有問題。

編註：指藥品主成份以外，其它添加於藥品中的色素、黏合劑、潤滑劑等天然或合成的物質。

2.5
戰鬥

終於到這個部分要打擊黴菌了。

好的,各位對「避開」已經運用自如,也建立了「基礎」,接著又精選了工具來「保護」身體以及「修復」暴露黴菌所造成的傷害。

各位準備好了,但是黴菌也準備好了。

要殺死黴菌有點像是要幫熊清掃籠子一樣,只是是熊還在裡面的狀態下。必須等到牠睡著了,才能踮著腳尖,盡可能安靜加上破壞最少的方式慢慢地把所有地方擦乾淨……並且千萬不能驚動「熊大爺」。

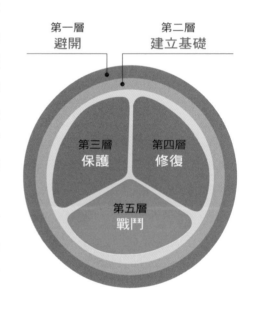

我在執醫生涯中曾看過,一旦黴菌知道自己成為攻擊的目標後,它絕不妥協,一定會誓死捍衛領土,所謂的領土,指的就是各位的身體。舉幾個例子來說,我見過一些反應,像是對甜食強烈的渴求、消化性腹脹、嚴重耳鳴、夜晚

持續性睡眠問題以及真菌感染惡化等。如果不是很難的話，就請堅持下去，這些都是暫時令人不快的煩惱。我了解，這些症狀真的很煩人，但同時也表示各位已經步入正軌。在戰鬥階段請不要害怕尋求醫生的醫療協助，因為各位可能會需要一些額外幫助。

這些是各種的戰鬥工具… 全身型抗真菌草藥

1 風鈴木（保哥果）

2 聖羅勒

3 橄欖葉

4 老君鬚

5 百里香

6 牛至油

鼻腔型抗真菌草藥

7 精油

8 膠體銀

9 臭氧

10 木糖醇

完成任務

11 生物膜破除劑

12 赫氏反應幫手

13 恢復飲食

準備戰鬥

常言道，先下手為強——這在黴菌病方面完全是真理。為了擺脫黴菌棲息，必須讓身體變得完全不適合黴菌居住。那就必須從兩個途徑著手殺死黴菌：全身和鼻腔。鼻腔型抗真菌草藥是目

標型的治療方法，可以清除鼻竇內菌叢。而全身型抗真菌草藥則能清理腸道，並且殺死任何攻擊鼻竇時散落的黴菌。因此在開始任何鼻腔治療前，最好先使用全身型抗真菌草藥。

就打擊真菌而言，草藥真的是了不起的盟友。處方的抗真菌藥物通常只有一種或兩種方法來打擊黴菌。但草藥就不是了，一種抗真菌的草藥具備很多殺死黴菌的不同武器，不單單只是讓草藥成為有效的殺菌劑，還能降低黴菌本身的復活能力。

要打贏與黴菌的這場仗
就要使用全身型和
鼻腔型抗真菌草藥

請記得
不要只單獨使用一種

黴菌很聰明。如果我們只有其中一種武器，儘管有在進行治療，黴菌也能找到解決方法生存下來，這被稱作抗藥性。如果需要使用抗真菌藥物，可以搭配我推薦的草藥進行全面性攻擊，還能有降低抗藥性的好處。

草藥通常還含有可以減少瀕死黴菌副作用的化合物。許多抗真菌草藥能殺死黴菌和清除噴出的黴菌毒素，還有保護肝臟及修復腸道等功效。我喜歡使用草藥，因為比起草藥的功效，它們的傷害更低。

全身型抗真菌藥

想要完全康復，就要用抗真菌療法進行全身治療。沒有好轉的人就是少做了這一塊，就算他們離開了病態環境，也完成鼻腔治療，黴菌還是會再度復發的。

許多人常誤解必須在確實有真菌感染的當下才能服用這些草藥。錯，事實上就算黴菌的殖民化並沒有造成感染，黴菌殖民地

還是會持續撒下黴菌孢子並吐出黴菌毒素。我們會在沒有感染真菌的狀態下得到黴菌病，如果各位是因為黴菌而生病，就需要使用全身型抗真菌藥物，這樣孢子才會找不到地方生根落腳。

那全身型抗真菌藥物應該服用多久呢？一直服用到確定身體系統中沒有任何的黴菌毒素為止——保險起見，應再多加一個月。黴菌毒素來自黴菌孢子，如果已經殺死所有黴菌孢子，也將黴菌毒素完全排乾淨了，那檢驗報告就不應該再出現黴菌毒素。如果還有的話，如果不是沒有徹底實行 2.1「避開」的操作，就是黴菌還存在體內的某個地方。

我列出的植物都是安全性高、能長期使用的。例如，風鈴木和聖羅勒在許多文化當中都是作為早茶享用。對於我的病人，我大約每一個月會換一次草藥，一來確保黴菌找不到解決方法，二來也確保不會對我們的身體造成負擔或導致營養不足。

我已經按照強度和可能產生副作用的順序列出治療方法，從最弱到最強。請不要把強度當成效果。強度只是說明植物的其他作用力很強，不見得是在對抗黴菌方面。最不強的植物也可透過頻繁服用來殺死更多的黴菌。

由於患者長期處在黴菌感染之下。通常我會長期使用不強烈的草藥，再搭配短期爆發性較強的植物，例如，每天一杯風鈴木茶搭配一週三天具爆發力的牛至油。這就是如何將醫學藝術發揮得淋漓盡致之所在。再次強調，我建議找一位有黴菌專業素養的醫生來判斷該怎麼進行以及何時進行。

神奇的全身型抗真菌藥草包括：

1 風鈴木（保哥果）
2 聖羅勒
3 橄欖葉
4 老君鬚
5 百里香
6 牛至油

1 風鈴木（保哥果）

　　風鈴木（Pau D'Arco，又稱保哥果）是中南美洲的熱帶雨林中古印加人的傳統用茶。由風鈴木的內層樹皮製成，在當地被稱作大喜寶（taheebo）茶，可以用來抵抗呼吸系統和皮膚的真菌感染，這可能跟生活在持續溫暖潮濕的環境中有關。風鈴木已被證實可以防止真菌孢子入侵，也可以治療已存在的真菌感染。

　　研究中，風鈴木的殺菌力就跟抗真菌藥物一樣強，就像兩性黴素 B*。但它對使用者來說是沒有殺傷力的。它還具備廣泛的抗菌活性，對破壞已存在的生物膜殖民地有幫助。

　　風鈴木能稀釋深層黏液，對清理肺部有困難的哮喘患者和慢性鼻竇炎患者尤其有效。睡前喝這種茶，對一躺下就鼻塞的人很有用。風鈴木能恢復並增強免疫系統，甚至具有抗癌特性。

編註：兩性黴素 B（Amphotericin B）是一種具有抑菌或殺菌作用的抗黴菌劑。

風鈴木（保哥果）

如何補充

茶：自行製作風鈴木茶，將 1 湯匙切碎的內皮放入 2-3 杯份量的滾水中，然後蓋上蓋子燉煮 10 分鐘。過濾、冷卻至舒適的溫度即可飲用。

每天享用幾次這種茶。

Frontier Herbs 有販售風鈴木。

Traditional Medicinals 則有販售包裝好的茶包。

風鈴木（保哥果）

注意事項

懷孕：懷孕期間不要使用風鈴木。

口感：風鈴木茶有麝香味。如果無法接受這個味道，也可以服用膠囊。

2 聖羅勒

聖羅勒（Holy Basil）或者是印度著名的圖西（Tulsi），因為其促進健康的特性而備受推崇，據說可以放鬆大腦。聖羅勒在傳統阿育吠陀醫學中被當成茶飲用，應用在黴菌、真菌、細菌和寄生蟲感染。就像風鈴木，聖羅勒殺死微生物的效果強大，對使用者又很溫和。如果需要使用抗真菌藥物，我建議搭配聖羅勒既安全又能預防抗藥性。

我很幸運能向緹珞娜 • 洛荳（Tieraona Lowdog）博士學習，了解聖羅勒對肺的親和力，我用它搭配風鈴木，治療因暴露黴菌而出現哮喘的患者。作為黴菌毒素的解毒劑，它對那些黴菌毒素負擔沉重的人來說特別有用。

聖羅勒
如何補充

步驟 1　將 1 湯匙聖羅勒茶葉浸泡在 2-3 杯熱水中，最多 5 分鐘。

步驟 2　將茶葉展開時所散發的強烈精油香氣慢慢吸入鼻竇和肺部。

步驟 3　每日飲用數次。

Organic India 販售的有機印度圖西茶，是與其他黴菌幫手一起包裝——聖羅勒搭配綠茶和石榴——將許多有用的工具合而為一。

聖羅勒
注意事項

睡眠：聖羅勒可能會刺激大腦。如果發生這種情況，請避免在睡前飲用。

味道：聖羅勒香氣十足。如果無法接受這個味道，也可以服用膠囊。

3 橄欖葉

　　橄欖葉是一種抗真菌藥，透過強化自體免疫戰士來防範黴菌侵襲，還有對抗病毒這個次要的好處，藉由重建先天免疫系統，橄欖葉可以殺死黴菌，並且幫助擊敗慢性病毒感染，比如依伯史坦 - 巴爾二氏病毒（EB Virus）或其他皰疹病毒家族的病毒。暴露於黴菌毒素會讓我們更容易感染這類型病毒。

　　橄欖葉是一種便利的植物療法，適用消化系統出現症狀的人，它能保護消化道內壁免受黴菌毒素的破壞，許多在黴菌暴露後出現食物過敏的人，在橄欖葉的幫助下能夠再次飲食，它還可以穩定血糖，減少對甜食的渴求。

橄欖葉
如何補充

營養補充品：橄欖葉的典型劑量是 500 毫克的全植物或萃取物，每日服用兩次。長期使用也很安全。

橄欖葉
注意事項

消化不良：雖然很罕見，但是橄欖葉會刺激胃部引起腹瀉。我發現如果沒有避開促進黴菌的食物，這種情況就會發生。

低血壓：橄欖葉的好處之一就是可以降低血壓。如果本來就是低血壓，請在服用橄欖葉時多注意血壓。如果有姿勢性低血壓 *，那橄欖葉可能就不適合。

低血糖：服用橄欖葉時，請多監測血糖值以防止低血糖。

4 老君鬚

老君鬚（Old Man's Beard 或 Usnea），或者松蘿、鬍鬚地衣，因外觀得名。掛在樹上看起來就像一個糟老頭的鬍子。有人告訴我，美國原住民將其名翻譯成「sniffy drippy（吸著鼻子流鼻水）」。我發現這巧妙地描述了老君鬚所緩解的症狀。我會用老君鬚來治療患有花粉熱、過敏、頻繁吸鼻子或打噴嚏，以及慢性喉嚨痛的黴菌患者。老君鬚是鼻過敏患者的朋友，尤其是感冒的時候。

老君鬚能有效預防皮膚問題演變成真菌感染，包括股癬和陰道酵母菌感染。它能抑制生物膜形成，並對膀胱具有特殊的親和力，對暴露在黴菌和黴菌毒素引起的膀胱過敏症狀有所幫助。

老君鬚可能會傷害肝臟，所以只能短時間內使用。

編註：姿勢性低血壓是在躺著或坐著站起來等姿勢變換時，血壓會降低，可能突然覺得頭暈、視力模糊或暫時性視覺消失等症狀。

老君鬚
如何補充

營養補充品：松蘿滴劑（老君鬚）1/2 茶匙，每日三次，連續服用 3-5 天。

外用：

步驟 1　用新鮮或乾燥的植物泡茶。

步驟 2　將茶放入冰箱冷卻至冷藏溫度（3 ～ 10℃）。

步驟 3　拿一塊乾淨的布浸泡在冷茶中，然後直接敷在受影響的皮膚部位 15-20 分鐘。隨著體溫溫暖該部位，循環提升能吸收更多草藥茶。

步驟 4　徹底擦乾該皮膚部位。

步驟 5　每天重複兩次。

步驟 6　持續使用直到沒有真菌感染的跡象。

老君鬚
注意事項

肝臟疾病：如果患有肝臟疾病，請不要服用老君鬚。

黴菌過敏：老君鬚是一種地衣，部分對黴菌出現過敏反應的人，對老君鬚也會出現過敏反應。如果會對黴菌過敏，在使用這種草藥之前，先用茶葉在一小塊皮膚上測試。

5 百里香

　　百里香（又稱麝香草）是我最喜歡的抗真菌藥草之一，因為它的功能很多。各位可以食用新鮮或者乾燥的植物，做成精油、菜餚，或做成口服膠囊都可以。它像雜草一樣生長，如果不是專業園丁很難除光。百里香是很適合放在廚房或種在盆栽裡的美妙

草藥，因為它很有韌性，而正是這種韌性使它成為對抗黴菌的絕佳草藥。

百里香是世界上作用最廣的抗真菌植物之一，不只對黴菌有效，還能對抗寄生蟲、原生動物（原蟲），以及其他存在於生物膜中的諸多可疑生物。老君鬚可以進入鼻竇，百里香則能深入肺部，幫助經常肺部感染或支氣管炎的黴菌患者。

百里香的精油、百里酚，具刺激性和乾燥性，能破壞牙齒的真菌生物膜，改善口臭，各位熟知的李施德林漱口水就含有百里酚。百里香的精油也可以作為吸入劑，改善慢性鼻竇或肺部問題。

儘管安全性很高，但我還是會短期使用，將療效最大化。

百里香
如何補充

蒸汽吸入：

步驟 1　將 3 湯匙乾燥的百里香放入 4 夸脫（約 3.8 公升）水中煮沸。

步驟 2　沸騰後，從瓦斯爐上移開。

步驟 3　將頭置於鍋子上方，小心不要碰到鍋子。

步驟 4　用毛巾覆蓋住頭部和鍋子。

步驟 5　用鼻子深呼吸 5 分鐘。

百里香滴劑：服用 1/2 茶匙的百里香滴劑，每天 2-3 次，最多 10 天。

百里香
注意事項

味道：許多人不能忍受百里香泡成茶的味道，所以我一般會建議使用滴劑或藥丸形式。

噁心：百里香的安全性很高，可以大量攝取。如果服用過量，會刺激胃部引發噁心。如果各位出現這種副作用，請減少劑量。

懷孕：懷孕期間使用百里香務必小心。在懷孕期間應避免吸入百里香精油或百里酚。

6 牛至油

　　所有列出的抗真菌藥當中，牛至油是最強烈的。我的病人對牛至油有很可愛的描述，說這是「炸彈」。雖然對腸道來說可能會很刺激，但能有效幫助失序的腸道恢復秩序。當腹脹或出現腸躁時，牛至油能幫助菌叢重建到正常平衡的狀態。

　　牛至油能打擊真菌，也能打擊細菌。它能殺死危險份子，和平的居民會變成罪犯多半是受生物膜影響，牛至油可以幫助全身各個部位，雖然它所有的評價都跟消化有關。它是其中一種能一邊保護一邊殺壞人的藥物，可以預防細胞層氧化損傷，同時破壞黴菌，還具有抗癌特性，是一個能確實戰勝黴菌的超級士兵。

　　牛至油可製成濃縮萃取物。10：1 比例的萃取物相當於吃好幾湯匙的牛至。服用牛至油萃取物比單純把牛至加入飲食中食用效果更彰顯。

牛至油
如何補充

食物：加入牛至烹調，可得到額外對抗真菌的好處。

營養補充品：每天 1-2 次，每次 150 毫克 10：1 萃取物，最多 7 天。

牛至油
注意事項

消化不良：雖然牛至油通常可以幫助消化，但對某些人來說，它可能過於刺激並導致消化不良。可試著從食物中攝取來減少這種影響。

菌叢失衡：許多食用牛至油的黴菌病患者，經常會覺得最好搭配益生菌一起使用，以重新平衡腸道菌叢。

　　處方抗真菌藥物：由於這些藥物需要醫生開立處方，我就不詳加敘述，只是順帶提一下這些藥物是存在的，如果你或你的醫生認為有必要使用。使用處方抗真菌藥物並不代表失敗，每一個人的情況都不一樣，這些藥物能有效應急緩解症狀，有存在之必要。

　　全身型抗真菌藥物是夫可納（fluconazole）和寧斯泰錠（Nystatin）。鼻竇抗真菌藥物是兩性黴素 B（amphotericin B）、克多可那挫（ketoconazole）和寧斯泰錠（Nystatin）。每種藥物適合用在不同的用途，就看各位是否合併了黴菌病和酵母菌問題，但這種情況相當常見。在我的執業中，我傾向短期藉由這些藥物的爆發性來擊退真菌群體，尤其是症狀成為執行治療計畫的障礙時。

鼻竇抗真菌藥

　　準備好全身型抗真菌藥物後，各位可以開始瞄準鼻竇內的菌叢了。

　　是不是所有患有黴菌病的人都需要鼻竇治療，就算他們沒有鼻竇問題呢？大概是。如果你在「克莉絲塔黴菌自我檢測表」上的分數顯示可能或也許有黴菌病，我會說對。如果是有尿液黴菌毒素的話，則答案絕對是肯定的。

　　如果已經暴露在水害建築中，那麼鼻竇真菌就會變成危險份子——既然是危險份子那就必須根除。如果容許它們存在，生物

膜黴菌及它的朋友就會主動用毒素毒害身體其他部位，同時到處散播種子讓身體成為黴菌的殖民地。

我發現若在沒有治療鼻竇的情況下治療身體，鼻竇中的殖民地就會有一些生存者留下來。一旦停止治療，鼻竇中的殖民地便會派出偵察兵然後重建。黴菌是很頑強的，我想應該沒有人會希望黴菌躲在碰觸不到的鼻竇裡面。

抗真菌劑要能進入鼻竇內彎曲縫隙，最好的辦法就是使用噴霧器。有關噴霧器的選擇，詳見參考資料。我不反對使用鼻腔噴霧器。通常如果有把所有剝橘子皮的步驟完成，也有服用全身抗真菌藥的話，鼻腔噴霧器效果不會太差。

為了充分根除鼻竇中的黴菌跟它的壞蛋朋友，各位需要一些工具殺死整個幫派——包括黴菌、細菌等——以及溶解生物膜黏液的東西，它們才能無所遁形。我通常一次會輪替兩到三種不同的鼻腔治療方法。

鼻腔治療包括：

7 精油
8 膠體銀（colloidal silver）
9 臭氧
10 木糖醇

7 精油

精油能守護我們的鼻竇和呼吸道，對有慢性鼻竇炎或肺部問題的黴菌患者來說是特別好的工具，我建議用吸入的而不是用攝取的，就算許多精油可以安全攝取，但是在攝取精油前，最好先經過有受過訓練的醫生指導。

　　底下的清單表包括了能有效削弱或殺死黴菌的精油，同時在對抗細菌上具有廣效性作用。它們是用來對抗鼻竇裡的壞蛋生物膜的完美武器。精油很容易蒸發，因此可以進入其他藥物無法到達的鼻竇縫隙。

　　殺死鼻竇黴菌時會遇到其中一個問題，是黴菌會在防禦中噴出額外的真菌毒素，就像是毒氣炸彈一樣。但精油可以解決這個問題，它們像炸彈小組一樣，精油可以預防和中和真菌毒素。因此，若確定有鼻竇生物膜的話，定期吸入精油將能減少黴菌對身體其他部位的影響。

　　請選擇能吸引你的香味，並盡可能使用有機來源的產品。精油是植物的濃縮物，因此如果農藥噴灑在種植的植物上面，農藥也會被濃縮。

　　下列的精油能有效**殺死鼻竇黴菌**：

雪松葉（學名：Thuja plicata）
迷迭香葉（學名：Rosmarinus officinalis）
印度藏茴香種籽（學名：Trachyspermum copticum L.）
聖羅勒葉（學名：Ocimum sanctum, O. basilicum）
孜然種子（學名：Cuminum cyminum L.）
茶樹（學名：Maleleuca alternifolia）
百里香葉（學名：Thymus vulgaris）
丁香（學名：Eugenia caryophyllata, E. aromatica）
乳香（學名：Boswellia species）
桉樹（學名：Eucalyptus species）
樟子松（學名：Pinus sylvestris）

　　也可以在家輕鬆自行調和精油。請按照以下步驟操作，或觀看我的影片。請上 DrCrista.com 搜尋「Essential Oil Spray（精油噴霧）」。

精油
自行製作調和精油

步驟1 使用 1 盎司（約 30 毫升）附帶鼻腔噴嘴的玻璃噴霧瓶，這些在多數健康食品商店或網路上都找得到。

步驟2 裝入鹽水裝到瓶子 3/4 滿。

步驟3 從上面列表中選擇兩到三種精油。

步驟4 滴 5 滴精油到瓶子裡。

步驟5 噴之前先搖勻。

步驟6 噴入空氣中，再慢慢將霧雲吸入鼻子裡，確認自己是否喜歡混合後的氣味。

步驟7 一次添加一種精油 5 滴來調整混合物，直到創造出令自己滿意的味道。

　　如果不想自行調配，但又想要使用精油作為治療計畫裡的一部分，可以嘗試市面上販售的精油鼻腔噴霧器。不同的品牌有不同的效果，而且比較難找到有機來源。

　　劑量是一種藝術，科學文獻中沒有建立確定的劑量，因此我所推薦的是我用在治療黴菌病患者身上最有效的做法。最初需要的劑量比較多是正常的，隨著逐漸復原會越用越少。在所有黴菌毒素消失後再多加至少一個月為止，都不要停下來，就算一天只用一次。

　　做為「戰鬥」工具的核心部分，請從上面選擇抗真菌的精油，至少一天要用一次，最多一天可以用五次。

精油
如何使用

步驟 1 將鼻腔噴霧瓶對著臉部以外的地方，壓一下瓶身。

步驟 2 盡可能將噴嘴放入鼻孔之中。

步驟 3 頭向後仰，在鼻子裡噴兩下，有需要的話，可以輕輕地吸一下，盡量讓藥物停留於鼻竇中，避免將藥物吞下去，我們需要將藥物留在鼻竇裡。

步驟 4 另一個鼻孔也重複相同步驟。

步驟 5 要讓治療效果最大化，請在噴完鼻腔後進行以下步驟：
- 側躺停留 30 秒
- 再翻到另一邊側躺停留 30 秒
- 把頭放在膝蓋中間停留 30 秒

這個額外的措施我不知道強調過多少次，你可能會很驚訝光只是變換姿勢，效果就這麼好。每噴完一次，多花幾分鐘，就可以節省好幾個月的治療時間。

精油
注意事項

流鼻血：使用鼻腔抗真菌藥物，擤鼻涕的時候面紙上會出現血跡是相當常見的。如果有流鼻血又不容易止血的話，請停止鼻腔治療一週後，再重新開始。

化學敏感性：部分黴菌病患者不耐受精油，精油含有醛類，跟黴菌釋放的毒氣相類似，這往往是因為遺傳。如果精油讓你感覺不舒服，請避免使用，還有其他許多工具可以選擇。可以考慮使用蜂膠鼻腔噴霧器。請務必確認製造商有做黴菌毒素污染測試，因為這很常見。

8 膠體銀

要處理除了黴菌之外活在鼻竇內的的生物，可以使用膠體銀（Colloidal Silver）。膠體銀被視為一種廣效性抗菌劑，意思是它可以處理許多不同種類的細菌。長期當作鼻腔噴霧使用是安全的。

配合抗真菌鼻腔治療，每天使用一次膠體銀鼻腔噴霧器。使用時應避開其他鼻腔治療 1 小時或更長時間。

膠體銀
如何使用

步驟 1 將鼻腔噴霧瓶對著臉部以外的地方，壓一下瓶身。

步驟 2 盡可能將噴嘴放入鼻孔之中。

步驟 3 頭向後仰，在鼻子裡噴兩下，有需要的話，可以輕輕地吸一下，盡量讓藥物停留於鼻竇中，避免將藥物吞下去，我們需要將藥物留在鼻竇裡。

步驟 4 另一個鼻孔也重複相同步驟。

步驟 5 要讓治療效果最大化，請在噴完鼻腔後進行以下步驟：
- 側躺停留 30 秒
- 再翻到另一邊側躺停留 30 秒
- 把頭放在膝蓋中間停留 30 秒

這個額外的措施我不知道強調過多少次，你可能會很驚訝光只是變換姿勢，效果就這麼好。每噴完一次，多花幾分鐘，就可以節省好幾個月的治療時間。

膠體銀

注意事項

菌叢失衡：如果多次吞下，膠體銀會因為將好人、壞人全部殺死，而導致腸道菌叢失衡，這樣可能會引起脹氣、便祕和／或腹瀉，請盡量避免吞嚥鼻腔噴霧。此外，每日服用益生菌可以幫助菌叢重新平衡，直到消化正常為止。

赫氏／消亡反應：最初，膠體銀會導致鼻竇壞菌大量死亡。患者形容感覺像是類流感，有疼痛、疲勞、喉嚨痛和淋巴結腫大等症狀。如果發生上述情況，請暫停使用膠體銀，讓身體跟上進度。

9 臭氧

臭氧是一種非常強大可靠的抗真菌劑，據稱可溶解生物膜。雖然臭氧吸入肺部會造成傷害，但在醫學上可以針對在鼻竇內進行，以清除黴菌及它們的壞人微生物朋友。如果使用得當，與其巨大的效果相比，臭氧造成的傷害顯得很小。

使用臭氧需要有醫生監督，所以我不會做太多討論，只是讓各位知道臭氧的存在，臭氧同時也是一種很好的抗真菌工具。

經驗豐富的黴菌治療醫師和黴菌疾病教育家，尼爾‧奈森（Neil Nathan）博士，在《Mold & Mycotoxins（黴菌和黴菌毒素）》一書中，提供了有關使用鼻腔臭氧的詳細資訊。

10 木醣醇

木糖醇（Xylitol）是一種生物膜破除劑，它能破壞保護黴菌及其同夥的黏液層。請記住，一旦暴露在水害建築之中，在那個病態建築中茁壯生長的壞東西就會搬進各位的鼻竇裡，然後在生物膜中活下來。生物膜其實是一層混合著壞蛋微生物的黏液薄

膜，抗真菌劑能應付壞蛋黴菌，膠體銀能負責對付壞蛋細菌，而木糖醇則可以清除讓黴菌躲藏其中的黏液。

　　請不要太快將木醣醇加入治療方案中。使用木糖醇之前，請先等到身體狀態好一點之後再說，一定要確定身體可以承受那些可能還沒被找到的黴菌。

　　木糖醇是一種可以噴在鼻子裡面又美味可口的藥物，能舒緩鼻竇，如果吞下去也會嚐到甜味。

　　我建議搭配抗真菌鼻腔治療，每天使用一次木醣醇鼻腔噴霧器。使用時應避開其他鼻腔治療 1 小時或更長時間。

木糖醇
如何使用

步驟 1　將鼻腔噴霧瓶對著臉部以外的地方，壓一下瓶身。

步驟 2　盡可能將噴嘴放入鼻孔之中。

步驟 3　頭向後仰，在鼻子裡噴兩下，有需要的話，可以輕輕地吸一下，盡量保留鼻竇中的藥物，避免將藥物吞下去，讓藥物留在鼻竇裡。

步驟 4　另一個鼻孔也重複相同步驟。

步驟 5　要讓治療效果最大化，請在噴完鼻腔後進行後續步驟：
- 側躺停留 30 秒
- 再翻到另一邊側躺停留 30 秒
- 把頭放在膝蓋中間停留 30 秒

這個額外的措施我不知道強調過多少次，你可能會很驚訝光只是變換姿勢，效果就這麼好。每噴完一次，多花幾分鐘，就可以節省好幾個月的治療時間。

木糖醇
注意事項

赫氏／消亡反應：如果太早使用，木糖醇會讓黴菌釋出超過身體所能承受的黴菌量，導致病情加重。應等症狀減緩到可以忍受的程度之後，再加入生物膜破除劑，而且只能在有全身型抗真菌劑的保護之下使用。

　　處方鼻腔型抗真菌藥物：如果其他方法不起作用的話，可能需要加入處方的鼻腔抗真菌藥物。請監測尿液黴菌毒素測試結果，並與醫生討論。

　　鼻孔交替呼吸法：如果鼻竇症狀很明顯，請考慮學習鼻孔交替呼吸法，這是一種瑜伽技巧，在鼻腔治療後使用特別有效。

　　噴霧：我有一部分患者會在自己周圍噴灑精油來減輕症狀，大約每個小時噴一次，來減輕鼻竇和肺部的併發症。其他患者只需要在睡前噴一下，這樣躺下時就能呼吸順暢。各位可以試著找到適合自己的方法。

　　Zum Mist 是我目前最愛的產品。使用上述的許多精油完美混合而成，不過，這不是鼻腔噴霧劑，也請不要把它噴灑進鼻腔裡。

完成任務

　　下列附加的輔助工具，不一定能殺死黴菌，但是是從黴菌中完全康復的必備工具。「生物膜破除劑」能讓隱身的黴菌無所遁形。「赫氏反應幫手」能幫助各位堅守目標。還有「恢復飲食」的部分，可提供各位在好轉之後讓生活恢復正常的指引。

11 生物膜破除劑

生物膜是黴菌病的一個問題。在水害建築中茁壯成長的壞蛋會進入人體，將體內的自然菌叢轉變為包裹著犯罪份子的黏液。每當我想到生物膜，就會想起電影「瘋狂麥斯憤怒道」的情節；每個人都自私自利、相互競爭，想要打造一片有毒的荒地。

我已經談過生物膜是鼻竇和腸道的問題了。但如果各位患有黴菌病，生物膜有可能在各位的身體各部位形成。鼻竇和腸道只是壞蛋生物膜的聯絡中心。生物膜可能發生在牙齒、根管、關節填充物、隱形眼鏡等上面。如果各位因黴菌而生病，任何部位的生物膜都能容納倖存者。

摧毀這些藏身之處是個好主意……前提是如果各位願意的話。

我在治療黴菌中常見的錯誤是，有些人在治療方案中太早開始使用生物膜破除劑。生物膜破除劑會引起兩種反應，首先，壞蛋分散各地尋找躲藏的地方，這可能會導致黴菌症狀爆發。其次，它會導致壞蛋對藏身處的組織發動戰爭。因此請緩一緩等到準備妥當後再來處理這些反應。

時機就是關鍵。

但要如何知道什麼時候該下手進行破除生物膜呢？當到了平穩期，或是不治療就不會好轉時，才可以加入生物膜破除劑。否則，請往後延。在成功服用全身型抗真菌藥物和鼻腔型抗真菌藥物，且沒有不良反應之前，不要加入這些生物膜破除劑。

進行破除生物膜可以是一種藝術。殘存的生物膜就足以讓黴菌病患無法好轉，即使病患已經做對所有事情。我從保羅 • 安

德森（Paul Anderson）博士那裡學到了很多——關於生物膜跟其他許多複雜的黴菌鬥爭。如果你和你的醫生確定頑固的生物膜是一個問題，可以請醫生上他的網站（consultdranderson.com）接受安德森博士的特殊訓練。

大多數能破除生物膜的物質被稱作酵素（酶）。酵素可以消化東西，可以消化黏液。不跟食物一起服用時，酵素的效果最強大。否則酵素頂多只能幫助消化食物，而非黏液。

生物膜破除劑
如何補充

酵素：許多食物富含天然酵素，例如新鮮的、生的鳳梨和木瓜。我還沒發現有哪種食物的酵素是可以抓住生物膜又不會引起口腔或舌頭潰爛的，這是我會選擇酵素營養補充品的原因之一。

營養補充品：服用一種複合酵素營養補充品，每日 1-2 次，每次 1 顆膠囊，避開用餐前後 1 小時。

生物膜破除劑
注意事項

赫氏／消亡反應：如果出現赫氏反應，請停止服用酵素。使用下一小節中赫氏反應工具，並在殺死更多黴菌之後再次嘗試。

消化系統刺激：某些情況下，酵素會進一步刺激已經很躁動的消化道內壁，這會引起胃灼熱，有時候還會出現胃潰瘍的症狀。如果發生這種情況，請試著隨餐服用。如果還是很刺激，應停止服用。

12 赫氏反應幫手

如果我們在努力進行治療的時候卻感覺更糟，以下有一列應該嘗試的事情。當殺死超過自己的身體可以承受的黴菌數量時，就會發生赫氏反應。

- **調整治療**：很多時候為了順利通過赫氏／消亡反應，有些人需要減少、暫停、延後、降低劑量，或對治療計畫進行調整。

- **瀉鹽浴**：在浴缸中加入 2 杯瀉鹽（epsom salts），浸泡 20-30 分鐘。每天用也很安全。

- **檸檬汁**：在 8 盎司（約 237 毫升）山泉水中加入 2 顆量的檸檬原汁後飲用。視需求可重複飲用。

- **我可舒適發泡錠（Alka-Seltzer Gold）**：在 8 盎司（約 237 毫升）山泉水中使用一錠，可以跟檸檬汁交替使用。

- **畢勒蔬菜高湯斷食法（ Bieler's Broth fast）**：請參閱下面說明。

赫氏反應幫手
如何進行

畢勒蔬菜高湯：除了湯之外什麼都不吃，至少 2 天。盡可能多喝湯。之後可添加一種蛋白質再吃 2 天。如果感覺有所改善，再慢慢將正常的飲食材料加回來。

食譜
畢勒蔬菜高湯

食材（僅使用有機食材）

4 杯山泉水
3 個中型櫛瓜，切塊
4 根芹菜莖，切塊
1 磅（約 454 克）四季豆，去筋
1 把歐芹，去粗莖

畢勒博士的食材到此結束

以下是針對黴菌病復原所選用的添加食材：

蕁麻、甜菜葉或蒲公英葉每一種最多 1/4 杯。（注意：處理生蕁麻時要戴手套預防刺痛。一旦煮熟，就不再刺了。）
1-2 瓣大蒜或 1/4 杯切碎的洋蔥，或兩種一起（任選）
1/4 杯橄欖油或奶油（任選）

● ●

在大鍋中，炒芹菜、櫛瓜、四季豆、大蒜和洋蔥油（或奶油）5-7 分鐘。
加入水、蕁麻、甜菜葉和蒲公英葉，然後煮沸。
煮滾大約 10 分鐘或直到所有蔬菜呈現鮮綠色且軟嫩。
從瓦斯爐上移開並加入巴西利。
使用手持電動攪拌棒或食物調理機攪打至滑順出現光澤。
調味可使用鹽，胡椒或其他所需香料。

這時可以引用吉莉安 · 史丹伯瑞（Jillian Stansbury）博士的話，「狂放辛香料吧」。

這個食譜的另一個版本可以在莎莉 · 法隆（Sally Fallon）的《Nourishing Traditions》一書中找到。

13 恢復飲食

如果因為黴菌問題，而不得不放棄自己喜歡的食物、飲料或嗜好，還是有希望的。大多數「應避開清單」上的食物都可以在完成治療後恢復。

恢復飲食的秘訣…

- 一次只加回一種食材
- 等待 4 天，觀察自己的狀況
- 如果出現任何形式的不良反應，將應避開的食物再次移除
- 如果出現不良反應，可能需要重新服用黴菌殺手一段時間後才能再次克服黴菌

記住，黴菌很頑強，是機會主義者。我有很多患者好不容易擊退疾病脫離險境，卻因為環境或假期，只不過幾天的甜食過量，真菌就超過負荷，又回復原本的黴菌症狀。這時請回到讓各位好轉的計畫。依靠它，直到再次回到原本健康的自己，然後慢慢戒掉。如果有多聆聽身體的聲音並且迅速行動，這通常只需要幾週

的時間。

真是夠了！

對抗黴菌就像是在打殭屍一樣。當我們認為已經殺光黴菌時，它又再次出現。每天用抗真菌茶、更強的全身型抗真菌劑、噴精油到鼻腔裡來攻擊黴菌，然而一旦停止努力之後的隔天，某個症狀就復發，然後各位就會想著「開什麼玩笑！」

不。

沒有開玩笑。

持續治療的時間比想像中所需要的時間更長。黴菌會像殭屍一樣回來。就算症狀已經變得可以忍受，在「克莉絲塔黴菌自我檢測表」上的得分也很高，也不表示已經沒事了。對不起，但這是事實。堅守你的復元計畫，直到所有黴菌症狀消失後，還要外加一個月時間。我不希望各位再讀這本書，一次已經很夠了。

我從經驗中知道，這是會好轉的。請執行計畫，一步步來，繼續前進。

滾石不生苔…

…健康的建築也一樣。

PART 3

建築物

室內黴菌對人體有害

就是這樣。

在建築內部,不可能有「安全」或「沒有那麼壞」的黴菌或發霉這種事情,建築內部只要發霉,任何種類的真菌都不是好事。

我們可能已經因為當下或過去的環境而生病,這個事實讓許多人都大感意外。不過別忘了,黴菌會入侵我們的身體和個人物品,因此無論走到哪裡,老問題很可能還是會如影隨行。

請好好檢視自己花了大量時間居住的環境。針對所有環境進行一次徹底的歷史性評估,包括居住、工作、禱告、健身、做志工以及度假的場所。想一想自己最容易受到侵害的時機,比如壓力特別大或睡眠不足的時候,黴菌就會利用這些機會趁火打劫。

STORY │ 蘑菇地毯

當我還在念大學的時候，一個朋友打電話來邀請我做一件奇怪的事情。她問我可不可以幫忙看看她的地毯蘑菇。我當然說好，誰會不好奇那樣的事情呢？光聽就覺得很有趣。她的地毯上長出了三種菇，當時如果有智慧手機，我一定會拍照搭配哈哈大笑的圖案然後分享出去。

我朋友在冬天時租了一間小木屋，原本是一個穀倉，改建得很溫馨。當春天冬雪融化，很顯然，改建有一點問題。我們當時還不知道黴菌的危險性。相反地，我們還笑了，把這件事當成好笑的故事來說。

地毯長菇後幾週，她開始出現健康問題，從長痤瘡和疲勞開始，然後出現噁心和食慾下降，接著是週期性嘔吐症候群。三個月後，她得了腎臟病。

她病得很嚴重，甚至沒辦法上學和上班。她的家人都不住在附近，所以在一次周期性嘔吐發作，不管怎麼樣都停不下來之後，她搬過來跟我住。我很擔心她，她的醫生也很擔心，似乎沒有辦法解釋為什麼一個之前這麼有活力、健康的 20 歲女生，身體說垮就垮。

離開小屋幾週之後，她開始覺得好一點。在某次門診時，幫她看診的整脊醫生問到她的生活環境。當我們開玩笑地提到蘑菇地毯時，他的臉看起來很驚恐，他告訴我們小木屋正是問題所在，小木屋正在一步步地奪走她的生命。

在他解釋了兩者關聯性之後，我們兩個都覺得有點愚蠢，我們怎麼會沒有想到這一點呢？菇從地毯裡面長出來當然是一個問題啊！不只導致建築本身出了問題，也讓健康了出問題了。當時我們兩個都忙著處理爆發出來的健康危機，卻都忘了退一步思考整件事的來龍去脈。

3.1
診斷建築物

　　跟著專家做檢測。如果有水害入侵各位的家，請讓合格有執照的黴菌檢驗員進行黴菌檢測。受過專業訓練的黴菌檢驗員就像建築物的醫生一樣，知道要診斷建築物的問題應該從哪裡下手檢測、使用哪一種檢驗方法，以及從哪一些建材取樣。我個人首選推薦的專家是馬丁・戴維斯（Martine Davis），他是一位有認證的建築生物學家，同時也非常出色。我在「參考資料」列出了我所推薦的國內（美國）其他地區檢驗員名單。有些還提供遠程諮詢服務。

　　要檢查合格證照，這一點非常重要。坊間有許多沒受過訓練的人，會利用危機狀況佔屋主便宜，請多花點時間，尋找具備一張以上合格證照的檢驗員。

黴菌檢驗員
可要求出示的合格證書

* BBEC（建築生物學環境顧問）
* ACAC（美國認證委員會）
* IICRC（檢查清除重建認證協會）

　　各位要這樣才能找到懂得這方面專業的專家。他們會為各位檢測房子有沒有黴菌孢子、孢子碎片，以及黴菌毒素的證據。如

果沒有他們的指導就逕自進行檢測，就算真的有黴菌，也會有很高的機率根本找不到，也有可能會因為房子沒有經過合格的人員檢測，而超出保險範圍，導致整修費用無法獲得理賠。

讓整修人員整修、檢測人員檢測

　　千萬不要讓修繕工程的公司替換獨立的合格黴菌檢驗員，那是重大的利益衝突。如果出現黴菌問題需要整修房子，絕對要在整修完畢之後進行檢測，才能確定黴菌是否完全被消滅。各位唯一可以信任的是整修後的檢測結果，就是由獨立的黴菌合格檢驗員所做的檢測。整修公司肯定會在整修完畢後做一次檢測，不過那是為了他們自己的品質控管。各位還需要第三方公正單位的意見。

　　據估計，有三分之一的整修工程不是重做，就是屋主必須打電話要求整修人員回來拆掉更多建材。這種情況通常是硬碰硬，要等病情惡化了才知道，等於是要再經歷一堆花費、麻煩、混亂和賠掉健康等根本沒必要發生的事情。合格的檢驗員會跟你以及整修公司合作，保證第一次整修就徹底執行。我在下一章節「整修」的部分有列出一些簡單的訣竅可供參考。

　　我還沒看過有任何整修公司是針對黴菌毒素在做整修的，如果有人在徹底整修之後還是生病，很有可能是因為真菌毒素的部分還沒有整治好。我曾指導過患者真菌毒素的整治方法，以及透過後測方法檢驗整修後的建材。但是，這些方法裡沒有任何一種是有科學嚴格驗證過能確定結果可以複驗的。我們必須留意這個領域的發展。

房屋黴菌檢測迷思

談到為自己的房子做檢測時，我真的會勸大家打消自行檢查的念頭。大型連鎖百貨零售店做的檢測錯得離譜，因為 90％的室內有毒黴菌不會長在那種培養基上。因此，只會抓到 10％的室內黴菌，那樣的檢測不是一個好的檢測。

如果你已經用了其中一種，然後有發現黴菌的話，請相信這個結果。房子受影響的區域顯示室內空氣明顯已經暴露超量到足以被檢測到，對居民的健康雖然不見得是一件好事，但至少有發現黴菌就算不錯了。

如果自行檢測的結果是正常的話，請忽略這個結果。這個結果只會傳達給你錯誤的安全感，以為黴菌因素已經被排除，而開始到處尋找其他原因，結果黴菌卻仍然在家裡歡天喜地的大興土木。獨立的合格黴菌檢驗員是物超所值的。我見過太多次了，屋主對檢測結果嗤之以鼻，最後反而卻花了更多錢找尋神祕的健康問題原因。

檢測時的另一個問題就是大多數有毒黴菌都很濕黏又糊糊的，不容易到處漂浮。它們通常也會被困在建材後面，所以從空氣取樣抓不到空氣中的孢子。檢驗員常常得費心去找才能找到。

不過，處理發霉區域前最好要謹慎小心。

不要驚動熊大爺

沒有採取預防措施前，不要處理任何可疑區域。不要逕自下決定，「噢，好吧，看起來很嚴重，我們知道是黴菌，管他的，

直接清掉就好了」。一旦這麼做了，就等於把破碎的孢子碎片和黴菌毒素釋放到空氣中跟你的肺裡。

孢子碎片會進入肺部組織深處，引發長期呼吸問題。所有黴菌毒素都會滲透到肺部，導致身體必須排毒。再加上黴菌毒素非常容易從皮膚吸收，這麼做反而可能會讓自己病得非常嚴重。

可以請合格的檢驗員推薦你所在地區優良的整修公司。他們會知道誰的施工品質優良，通常聘請檢驗員來監督整修工程是很正常的。這種運作模式就如同一個良好的合作夥伴關係，藉由各方共同的努力確保自己回到健康的家中。

> 該打電話給誰？
> **黴菌剋星！**
>
> 要怎麼找到黴菌？
> **靠黴菌檢驗員！**

黴菌毒素粉塵檢測

有時候居住區域附近可能沒有合格的黴菌檢驗員。不用擔心，許多檢驗員都願意進行遠端諮詢。他們通常會要求你協助的一項檢驗就是黴菌毒素粉塵檢測，因為樣本可以由你自行在自己的房間取樣，檢驗員會提供一整套工具給你。

黴菌毒素粉塵檢測是一種快速檢測方法，可檢查一棟建築物是否存在或曾經存在黴菌問題，檢測結果只會告訴我們建築環境中是否存在黴菌毒素。不過，不會告訴我們問題出在哪裡、已經發生了多久，甚至是不是當下的問題。這時，就該由專家出手了。

我之所以要告訴大家這件事，是希望每個人都能收集最好的樣本，技巧決定一切。請從房子各處多個地點，以及灰塵已經聚積好幾個月的區域收集灰塵樣本。

從以下物品的頂端表面**收集**… 相框

高書架

書本

櫥櫃

衣櫥周邊木飾

　　檢測時應避開對窗戶周圍以及朝外的門進行檢測，因為這些區域可能會被微風吹進來的室外黴菌所污染。這些區域無法反映出室內環境的健康情況。

3.2
整修

「預防」故事

我們必須先採取預防措施，才能在整修期間保持良好健康。什麼樣的預防措施呢？最有價值的預防措施是「避開」。遠離那些有水害問題卻沒有適當處理過的建築、車輛、汽車等。再多的空氣清淨機、空氣流通的窗戶，或風扇也跟不上黴菌製造大量毒素的能力。

每 1 平方英吋的有毒黴菌含有一百萬個孢子。每一天，這麼大量的孢子能製造大量的毒氣和毒素來裝滿好幾個氣球。如果各位決定要略過整修工程直接過濾空氣，那是沒用的。因為寡不敵眾，最後還是會生病。

防堵

防堵是另一個重要的預防措施。是用塑膠膜把感染區域密封起來。在各位驚擾黴菌時，黴菌會出現一種有毒的生存反應，它會吐出比平常還多的黴菌毒素，並向空中發射寶寶孢子讓物種得以存活。黴菌一旦破碎，有毒的黴菌內臟就會把其他化學物質溢出到環境中。

防堵措施包括使用抽風機，把密封區域的空氣抽到室外。因此，如果有任何東西「變臭」，臭味將被抽到室外而非進入各位的家中，這就是為何要信賴專業人員從事清理工作的關鍵原因。他們具備所有工具和訓練。

有時候要檢測的是整個區域時，防堵措施就更有必要了，因為取樣時會對建材造成相當程度的破壞。在我們家，黴菌毒素就是從天花板上的鑽孔溢出，光是這樣就足以讓我們生病，這很合理，因為我是金絲雀體質，但是，如果一個小小的鑽孔就能釋放足以讓金絲雀體質生病的黴菌毒性，那讓非金絲雀體質的人生病需要多少呢？拆掉地毯？敲掉一些石牆嗎？用健康換取答案結果真的值得嗎？不如用塑膠膜密封檢測區，在失控前加以防堵。

防護裝備

如果各位非得進入水害環境才能評估財產損失的話，我會建議穿戴適當的防護裝備。我跟醫生進行過多次電話諮詢，治療在颶風或洪水過後因進入水害的家中而生病的病人。其中病得最嚴重的，是那些沒有防護裝備就自行清理的人。問題在於他們對黴菌的危險一知半解。進入災區沒有穿戴任何個人防護裝備，連手套都沒戴，因此毒害了自己。

能阻擋孢子吸入體內的防護裝備很重要，但不要忘了毒氣。活躍的黴菌和瀕死的黴菌都會分泌黴菌毒素，也會分泌醛類和醇類等氣體。

這些氣體極其微小，可以滲透所有過濾口罩和衣服，而且還不一定有氣味，這就是為什麼我不建議大家自行動手整修的原因。

如果能維持健康，呆瓜又如何

當各位穿著黴菌保護裝備現身時，不必擔心自己看起來像個呆瓜。整修人員也會穿，這就是他們如何在有毒的黴菌環境中工作一整天，也能保持良好狀態的原因，因為他們懂。

從頭到腳所有地方都必須覆蓋住，暴露的部位越少越好。下列是各位進入潛在病態環境前，務必穿戴的裝備清單。

各位需要的裝備清單…

- 拋棄式 Tyvek 連身防護衣（每次暴露後丟棄）
- 護目鏡（每次使用後用漂白水消毒）
- 矽膠防毒口罩附拋棄式濾器 P100 防護濾棉（每次暴露後丟棄）
- 雙層手套（每次暴露後丟棄）
- 鞋套（每次暴露後丟棄）

每次踏出病態環境，就要脫下手套、衣服和鞋套，然後丟棄，更換面罩上的過濾器，用漂白劑或精油清潔面罩和護目鏡。

不要直接就跳上車，這樣會讓車子感染同樣的問題。一抵達安全屋，就直接去沖洗淋浴，確定把皮膚上的真菌毒素沖洗乾淨，而不是被身體吸收。

誰該遠離

像我一開始說的那樣，黴菌毒素對所有生物都有害：人、動物和植物。有的人比其他人更快受影響，程度也更嚴重，只差在暴露量、暴露多久時間及基因易感的問題，有的人很難擺脫毒素，有的人卻可以有效率地代謝掉。

　　目前還沒有可以過濾黴菌毒素大小的防毒口罩。有些空氣清淨機可以做到，但防毒口罩還不行。口罩過濾大小會妨礙呼吸。因此，在科技趕上黴菌之前，下列情況的人千萬不要進入水害建築——即使一秒鐘也不行。不要評估損害程度，也不要管保險有沒有理賠，更不要管有沒有戴口罩。總之，不要進去就對了。

必須遠離水害建築物的人…

懷孕婦女
哺乳婦女
兒童
呼吸系統患者
肝臟病患者
腎臟病患者
免疫缺陷者
癌症患者
天生對黴菌過敏者（金絲雀）

保護性草藥推銷員

　　幫我家整修的工作人員都說我是一位牛奶薊推銷員。因為我知道黴菌的害處，所以我要確定他們的身體有受到保護，不會受滲入口罩的黴菌毒素所傷害。研究顯示，牛奶薊每日攝取最低劑量 750 毫克，能達到防護的效果。我認為所有整修人員都該補充牛奶薊。我唯一的警告是，如果他們正在服用透過細胞色素 p450 系統代謝的藥物，就必須由專業的黴菌醫生調整劑量。

吉爾博士的整修訣竅

我的靈魂是一名科學家，但我會治療身體，不會治療建築物。建築物的部分，我會轉交由好友同事、黴菌專家，同時也是有認證的建築生物學家馬丁・戴維斯（Martine Davis）處理。馬丁教了我很多跟發霉建築有關的知識。結合這些知識以及我對黴菌出色的敏感度，讓我成為宣導防黴的絕佳人選——對跟我合作的整修團隊來說，也是芒刺在背，我敢肯定。

隨著協助患者進行整修，我會進行家訪及參與科學檢驗，檢驗那些讓我和我的病人都出現反應的建材。我學會檢驗及監督整修的技巧。經過這麼多年，我發展出一套用來指導整修，還能保護我的患者，並降低「反覆整修」的經驗法則。

整修經驗法則 ⋯ 1 不要噴霧，好好祈禱
2 不要視而不見，要挺而面對
3 一有疑慮就斷捨離
4 捨棄比你想的更多東西

1 不要噴霧，好好祈禱

大多數整修人員會用的噴霧就是去污劑，去污劑通常沒有足夠的抗真菌化學活性，只會讓水害建材增加大量濕氣

這些噴霧很有效地在幫黴菌澆水，然後還歡迎其他物種一起加入攪和。我知道這一點是因為我做了檢驗。請閱讀下面的故事，或上 DrCrista.com 網站中 Video-Blogs 頁面。

STORY │ 不要噴霧，好好祈禱

　　我在整修自己家的期間，有了絕佳機會可以進行小型對照研究試驗。我可以檢驗同一間房屋的建材，這些建料具備相同條件，遭受水害及暴露在黴菌之下的時間都一樣長，唯一的差別在於建材有沒有經過修復。我不是在無菌實驗室進行這些研究，因為我想要看看曾經有生物膜寄生的房子整修之後會是什麼樣子。

　　這句「不要噴霧，好好祈禱（no spray and pray）」就是這麼來的。我的地下室有一個區域發霉需要整修，那一區從地板到天花板的所有建材都被拆除，包括乾牆（drywall）、隔熱板跟一些底部 4 英吋的壁柱。而門檻（一塊 2x4 的木板沿著地下室地板水平延伸到被釘死的壁柱）則留在原地沒動。

　　在整修時門檻也是根據最新整修品質標準進行，使用鋼刷刷洗、HEPA 高效濾網吸塵器吸塵，以及商用除黴噴霧劑處理。因為我找的整修公司是合格的黴菌檢驗員推薦的，所以我知道自己的整修工程水準一流。

　　但我開始擔心起門檻了。如果底部固定在門檻上的一些壁柱必須要拆掉，那難道門檻不會也有問題嗎？還有我如何確定防霉噴霧發揮了多少作用呢？

　　門檻上半部看起來沒問題，只有一半的門檻有暴露黴菌需要處理，因為另一半是在正常不受黴菌影響的牆底下。但為了保險起見，我要求對門檻下面的空間進行檢驗。

　　檢驗結果回來，有葡萄穗黴（Stachybotrys chartarum，有毒的黑色黴菌），卡在門檻底部和水泥地板之間。所以現在必須把門檻拆掉，對整個區域進行徹底整修，這樣做是可行的，因為門檻不是支撐建築結構的一部分。

　　整修人員的檔期太滿，他們的行程沒辦法再排出三週

時間給我。等他們再來，拆掉整個門檻，包括位於門檻上方相鄰的牆。現在我們有整塊完整的木板可以進行一些檢驗了。他們拍了一些照片，然後分別針對不用進行整修的「乾淨」部分、整修處理過的部分，以及兩者之間的連接處進行取樣。

檢驗結果很驚人。雖然在整修處理後整體的孢子數量減少了，但是有一部分倖存者還是存在。接著最恐怖的部分來了！木板已經處理過的那一面，也就是用除黴噴霧噴灑過的地方，除了跟沒有處理的那一面有同樣的黴菌之外，還增加了三週前不存在的另外兩個物種，這些是以前沒有出現過，且毒性更高的微生物。

這就像除黴噴霧一樣，是在為生物膜增補水分並鼓勵新的壞蛋加入。我想到一個類似情況，只有無法無天的社會中，當一定數量的小規模罪犯被趕走時，有組織的罪犯就會進駐接管。

這就是我得到的結論，如果可行的話，只要不會破壞結構，那就盡量拆掉所有不良的建材吧。

好了，如果除黴噴霧會增加更多的壞蛋，萬一又不能拆除，那該怎麼辦？如果感染區域對結構很重要怎麼辦？我希望能用科學為大家解答，但是多數商用噴霧劑的研究，不是針對在病態建築物中進行的。我認為這是一個缺點，但幾乎無法解決。每棟病態建築物都有自己獨特的生物膜、自己的混合微生物和微生物毒素。因此產品必須在大約 100 個不同的病態建築物中進行測試，然後在完全相同的條件下反覆進行測試，那麼做太不切實際。我們根本不具備科學研究的廣度和嚴謹度為此提供條理分明的解決方案。

在我的家中，有一些結構構材不能拆除，我們必須在不影響房屋結構完整性的情況下發揮創意。我詢問建商後，得到的選項是將構材手工刨平或用磨砂機磨掉薄薄的一層，把表面菌落磨掉，表面是最多黴菌人口賴以生存，獲取水分和氧氣的地方。我對使用磨砂機這個選項很有顧慮，因為這麼做會產生大量的碎片和黴菌毒素。別忘了，它們那麼小，連口罩都過得去。最後我們決定兩者一起做。

去掉表層之後，整修人員用鋼刷刷洗還有 HEPA 高效濾網吸塵器反覆操作多次。然後他們讓我用精油和過氧化物來整治這些構材。等檢驗結果一過關，最後一步就是讓整修人員把構材密封起來。當然，這些動作都是在防堵狀態及穿戴適當的個人防護裝備下完成的。

我很滿意結果，我對這些區域已經完全沒有症狀反應，我現在對重建充滿信心。

2 不要視而不見，要挺而面對

塗油漆覆蓋黴菌而不處理是無效的整修做法。黴菌毒素和其他有毒黴菌氣體能滲透密封油漆塗料。雖然外觀變好看了，但是問題並沒有解決。

3 一有疑慮就斷捨離

我在指導過許多患者進行整修後，學到了這個經驗法則。反覆整修次數較少的建築，都是因為屋主希望直接移除建材，而不是選擇整修或密封，因為我家就是這麼做。

　　大多數屋主會向整修人員施壓，要求他們盡量留下建材不要拆，這是很自然的做法——為了省錢，也為了減少對日常生活的干擾——但這麼做是行不通的。各位要知道保險公司也會對整修人員施以相同壓力，以節省理賠費用。

　　我向大家保證，生病更花錢。

　　如果建材是可以去除的話，就算是很難的工程，或甚至要花更多錢，也要去做。一次徹底的執行，比做很多次但都做得不完整要來得好。黴菌很頑強，保留不拆的病態建材是讓新黴菌生長的理想據點。

STORY ｜水泥板究竟會不會長霉？

　　我在本書一開始講了我家裡黴菌的故事，這裡是更詳細的描述，或者以防萬一有讀者錯過沒看到。

　　我家二樓浴室的水流到一樓的廚房，然後一路漏到我的地下室。看不見的是在滲入地下室之前，水已經完全浸透廚房區域，包括乾牆、隔熱牆、廚房櫥櫃和瓷磚下面的地板。

　　我在廚房總是覺得不舒服，但是症狀不明顯。我會覺得很笨拙、體力不支，會發現自己一直在那裡徘徊，不記得要做什麼，我當時都沒有注意到，直到那個區域整修完後我才發現。

　　所有東西被拆除重建之後，我有感覺好一點——但並非直線式好轉。只要走進廚房我還是懷疑自己有症狀反應，我不禁擔憂起來，這是我們做飯的地方，而且我肯定對某些東西有反應，不管是什麼，都有可能污染我們的食物、我們的盤子，然後破壞我們的腸壁、免疫系統以及許多其他身體問題。這個懷疑讓我的擔憂加深了。

就像對環境敏感的金絲雀一樣，我很怕自己會瘋了。我家裡沒有其他人出現什麼問題，只有我，尤其是我的肺。經過一番內心掙扎和拖延健康問題後，我做了一個決定。我必須遵循自己身體的意見並相信自己。

我自掏腰包，而且沒有經過科學實驗驗證，我就直接要求將遭到水害的瓷磚周圍和底層地板的周邊，這些讓我覺得最不舒服的區域一定要拆除。這牽涉到破壞瓷磚和水泥板的艱鉅工程，上帝保佑那些可憐的整修人員。

儘管他們對我說水泥板不可能長霉，我還是把地板和水泥板的樣本送去檢驗了。

有趣的是，本來說不會長霉的水泥板，現在卻多了兩種有毒的室外黴菌，這些黴菌會引起呼吸道疾病和免疫問題。生活在沙漠氣候中的人對這些黴菌很熟悉，因為它們會引起所謂的溪谷熱（Valley fever）或沙漠肺病（desert lung），醫生們稱之為球黴菌症（Coccidioidomycosis）。

顯然，水泥板會製造室內乾旱的微氣候，只要水泥板暴露在生物膜下，維持恆定的水分，就是有毒室外黴菌的最佳棲息地。光想到一名威斯康辛州的女士有可能從自家廚房中染上來自亞利桑那州的沙漠黴菌，就覺得很瘋狂。

不管檢驗員還是整修人員都從來沒聽過這種事情。不過雙方也都承認，他們不確定是否有人願意花心思檢驗測試。在該區域整修完畢之後，我在廚房就沒問題了。

4 捨棄比你想的更多東西

就跟皮膚癌一樣，只要沒有達到組織邊緣乾淨，黴菌就會重新長回來。一個好的經驗法則是把明顯受影響區域之外 2 英呎（約

60 公分）的所有建材全部拆除。黴菌孢子要用顯微鏡才看得到，一般肉眼是看不到的，但是孢子會感染周邊建材，不用目測就應該知道。

請要求你的合格黴菌檢驗員檢查周邊是否清除乾淨，確定建材上沒有黴菌。如果還有，就繼續清除。在確定建材邊緣乾淨之前，不要重建。住在牆裡永遠不會傷害人類，但是黴菌就會傷害人，而且會一直傷害人。

整修工程人員的工作很辛苦，所有防護裝備裡面都很熱。當你要求做這項額外措施並期望只多付一點錢時，可以多點同理心，甚至也許可以請他們吃午餐。

各位可以選擇付錢進行全面整修，也可以選擇付錢看醫生。由各位自行選擇。

3.3
預防

我要告訴各位一個小秘密。

我知道黴菌的**弱點**… 乾燥
　　　　　　　　　陽光
　　　　　　　　　空氣流通
　　　　　　　　　零灰塵空間
　　　　　　　　　無雜物
　　　　　　　　　除霉精油

　　美洲原住民早就清楚了解這些，住在潮濕環境的原住民，會用某些樹木的樹皮內層，如香柏，來環襯木屋以預防室內長黴菌，這些樹木富含防止黴菌生長的精油。反觀現代建築，黴菌問題是我們自找的，我們用黴菌最喜歡的食物──紙來當作房子的內襯。

照顧並且餵養黴菌

　　當然，並不是有水就會有黴菌。不過很不幸地，過去 50 年來的營建工法打造出促進黴菌生長的完美條件，我們建造極為密閉的房屋，不但能把濕氣鎖在裡面，而且還是由已經半消化的食

物來源製成。我們還把水管管線密封在牆後，所以沒辦法查看水是不是在裡面。我已經學到，問題不在於水能否找到出路從管線漏出來，這只是遲早會發生的事。

我們蓋房子的方式實質上是在餵養黴菌，並且為黴菌澆水。我們就好像是在遵循著一本名為「黴菌的照護與餵養」的農場手冊一樣——提供了黴菌在室內環境裡蓬勃發展所需要的一切。不需要太多，黴菌是生存物種，需要的只是一點食物和一點點的濕度。

控制濕度與節省成本

許多人認為買除濕機是浪費錢、浪費電。我可以向各位保證，相比起來，整治黴菌的成本高多了。

房子不需要肉眼可見的水或淹大水時才會發霉，只要有濕氣就夠了。房子可能會因為室內環境太潮濕就發霉，如果還是充滿灰塵的潮濕環境，恭喜，你是一位成功的黴菌養殖戶。

讓我們試著預防這種情況發生吧。

活動會增加室內濕度。做義大利麵？請打開通風口。洗澡？請打開通風口。室外濕度高？請關閉門窗後打開空調，然後使用除濕機。所有地下室都需要除濕機。

要預防未來出問題就要做好室內濕度管理，不要忽視水害入侵這件事。我遇過許多患者就是抱持著僥倖心理，當他們在房子整修期間必須住在酒店房間時，跟我說「我們原本以為這事情沒什麼大不了的」。正如黴菌專家山迪普 • 古普塔（Sandeep Gupta）博士，在他的黴菌線上課程「黴菌疾病來得容易（Mold Illness Made Simple）」中教導的一樣，你不去處理它，到頭來它

就會處理你。住在板牆筋裸露的房子，也比住在一間長滿黴菌，問題重重的病態房子裡要來得好。

STORY │ 細菌內毒素

在我們的地下室整修期間，整修人員發現了一片看起來很糟糕的門檻。整個外觀看起來就是黴菌叢生，像麵包發霉的樣子。很明顯這一定要拆除，但是他們問我要不要先進行檢驗。我說：「當然要！」。

令所有人驚訝的是，檢驗結果顯示黴菌很少——比通常在有裝潢的地下室所發現的黴菌還少。我打電話給合格的建築檢驗員，詢問了這個奇怪的檢測結果，因為我們所有人都不敢相信。她建議我們檢驗細菌內毒素。

果然，細菌內毒素高到破表。我們以為是黴菌菌落，其實是細菌菌落。在這個例子中，地下室那個特定區域條件下寄生的生物膜，對細菌比對黴菌更友善。但無論如何，這兩種毒素都是有害的，都會讓我們生病，所以那個門檻必須拆除！

不要裝潢地下室

我不是很喜歡地下室。跟我合作的建築檢驗員說，就算用了除濕機，每一個裝潢過的地下室幾乎都還是會發現黴菌。地下室需要呼吸。

如果各位需要額外空間來做健身區或兒童遊樂區等，需要柔軟表面的地方，我會建議把泡泡墊放在比較小的區域，然後等活動結束後，再將泡泡墊從地板移開，讓地板呼吸。

在儲藏的部分，請不要把所有物品放在地板上。我個人很喜歡可動式的金屬架，可以把東西放上去，然後經常推來推去，讓地下室的區域可以呼吸。而且，黴菌不會生長在金屬架上。

厚紙板絕對不能放在地下室，尤其是地下室的地板上。所有地下室都太潮濕了，不應該放紙板。是的，所有的地下室…包括你家裡的也一樣。

愛上除塵

簡單地說，灰塵會長黴。所以，我們要熱愛除塵。

清理裝飾品並存放在玻璃後面或古董櫃內，這樣比較簡單。各位還是可以欣賞，但是不用擔心健康受傷害。黴菌疾病和儲藏物之間存在相關性，我很確定這部分與所有東西上的灰塵量有關。

減輕肺臟的負擔

大家可以自行決定比較喜歡用哪一種方式清淨空氣，用空氣清淨機？還是用各位的肺？我提示一下……一個可以更換，另一個不能更換。

沒錯，請警惕更換家用空氣清淨機，以保護各位的肺臟不會變成清淨機。我建議每年至少更換兩次濾網，視寵物、小孩和灰塵多寡。如果家裡寵物、小孩和灰塵都很多，就更應該頻繁更換。對於獨立空氣清淨系統，請於產品建議時間範圍內盡早使用。

車用濾網會寄生黴菌。我建議至少每年更換一次車用濾網。請在空調使用季節開始時更換濾網。

三隻小豬的故事教導了我們什麼

不要用木頭蓋房子，要用磚塊蓋房子。

恭喜你畢業了！

現在你應該已經全部都了解了。恭喜你開始傾聽自己身體的聲音並掌管健康。現在開始，你可以全副武裝保護自己防止黴菌侵害。

一定會好起來的。永遠，永遠，永遠不要失去希望。到外面去，呼吸新鮮空氣，打開本書第一個方法「避開」，然後照著做一些清單上列出的小事。如果這樣都覺得太多，請尋求協助。如果你已經嘗試了本書所有內容，卻還是覺得困惑，請找具備專業黴菌知識的醫生。

謹記，太陽是黴菌的氪星石。

待在陽光下。

祝各位打擊黴菌順心如意！

國家圖書館出版品預行編目（CIP）資料

致命黴菌毒素：自然醫學博士教你五步驟消除家中黴菌，徹底防治毒素破壞身體的健康指南
／吉兒 . 克莉絲塔（Jill Crista）著；洪兆怡譯 .-- 初版 .-- 新北市：大樹林，2020.03
　　面；　　公分 .--（名醫健康書；44）
譯自：Break the mold : 5 tools to conquer mold and take back your health

ISBN 978-986-6005-94-7（平裝）
1. 真菌 2. 毒素 3. 居家環境衛生 4. 保健常識
369.6　　　　　　　　　　　　　　　　　　　　　　　　109000629

名醫健康書 44

致命黴菌毒素：自然醫學博士教你五步驟消除家中黴菌，徹底防治毒素破壞身體的健康指南

作　　　者／吉兒・克莉絲塔（Dr. Jill Crista）(support@drcrista.com/www.drcrista.com)
翻　　　譯／洪兆怡
編　　　輯／王偉婷
排　　　版／張慕怡
設　　　計／比比司設計工作室
校　　　對／12 舟
出 版 者／大樹林出版社
營業地址／235 新北市中和區中山路二段 530 號 6 樓之 1
通訊地址／235 新北市中和區中正路 872 號 6 樓之 2
　　　　　　電話／(02) 2222-7270　傳真／(02) 2222-1270
網　　　站／www.guidebook.com.tw
E－m a i l／notime.chung@msa.hinet.net
FB粉絲團／www.facebook.com/bigtreebook
總 經 銷／知遠文化事業有限公司
地　　　址／222 深坑區北深路三段 155 巷 25 號 5 樓
　　　　　　電話／(02) 2664-8800　傳真／(02) 2664-8801
初　　　版／2020 年 3 月

定價／新台幣 320 元・港幣 107 元　　　ISBN ／ 978-986-6005-94-7　　　版權所有，翻印必究
本書如有缺頁、破損、裝訂錯誤，請寄回本公司更換　　　　　　　　　　　　Printed in Taiwan

水，這樣喝才健康！

原來癌症、婦科、關節、腸胃等問題，都是水喝太多惹的禍

作　者：崔容瑄　定　價：300元

對任何人來說，水喝太多，都會變成毒！
幾乎所有人都不知道疾病、疼痛遲遲無法痊癒的原因來自於飲水過量。以中醫角度破解一般認為多喝水多健康的錯誤觀念，說明水毒如何成為萬病的根源。
從今天開始，擺脫一天一定要喝水兩公升的迷思！

救救我的腰痛

良心醫師的百年護腰操，讓椎間盤突出、坐骨神經痛，免開刀也能治癒

作　者：鄭宣根　定　價：320元

韓國三大知名網路書店，醫學類別最暢銷書籍。
腰痛時做體前彎、躺著抬腿、威廉氏運動只會更傷椎間盤，只要做對運動，其實98％的腰痛，不動手術也能痊癒！
椎間盤病患們最想知道的專門知識和正確運動，全部簡單易懂收錄在本書中！

Natural Life 書系

史上最簡單！
精油調香聖經

日本銷售第一的
芳香療法聖經

史上最強！
精油配方大全

新書簡介

新書簡介

新書簡介

情緒紓壓：
英國巴赫花精療法

情緒療癒芳香療法聖經

神聖芳療卡

新書簡介

新書簡介

新書簡介

大樹林出版社

重新認識伴侶、
家人間不為人知的一面

為何丈夫什麼都不做？
為何妻子動不動就生氣？

亞馬遜 4.5 星熱烈好評，
日本夫妻有感推薦。
無論你是老公還是老婆，
都一針見血分析到讓你 / 妳
笑出來的婚姻問題處方箋。

作者：高草木陽光
定價：290 元

為何丈夫什麼都不做？為何妻子 動不動就生氣？

明明是夫妻，為何總是水火不容？
秒懂另一半心理，分析準到讓你 / 妳笑出來

日本亞馬遜讀者 4.5 星評價 ★★★★☆

讓7000對夫妻破鏡重圓、通往幸福人生，
人氣婚姻諮商師傾囊教授，
38種夫妻危機處理，修補關係，拉近彼此距離。

家人
的第二張臉孔

擺脫「相愛又互相傷害」的 7 種心理練習

家人的第二張臉孔

擺脫「相愛又互相傷害」的 7 種心理練習

韓國版長銷 5 年，再版 21 刷。
解開糾結的家庭關係，關鍵
就掌握在你手中。

作者：催光鉉
定價：290 元